Pferde stärken mit Zirkuslektionen

Training für Körper und Psyche

Wolfgang Hellmayr
Dr. med. vet. Kerstin Reuber

Pferde stärken mit Zirkuslektionen

Training für Körper und Psyche

CADMOS

Danksagung

Bedanken möchten wir uns an dieser Stelle bei Kurt Wildmoser und Jakob Werth für selbstlose Computerhilfe, bei Elisabeth Leitner, die uns fotografisch begleitete, und vor allem bei Dr. Wolfgang „Philipp“ Reuber, der seine künstlerische, neurobiologische und schriftstellerische Kompetenz einbrachte, ohne die dieses Buch nicht entstanden wäre.

W. H.
K. R.

Impressum

Gestaltung und Satz: Ravenstein + Partner, Verden
Titelfoto: Christiane Slawik
Innenfotos: Elisabeth Leitner, Tomáš Miček, Peter Riess, Christiane Slawik
Zeichnungen: Dr. Wolfgang Reuber
Lektorat: Almut Schmidt
Druck: Westermann Druck, Zwickau

Deutsche Nationalbibliothek – CIP-Einheitsaufnahme
Die Deutsche Nationalbibliothek verzeichnet diese Publikation in der Deutschen Nationalbibliografie; detaillierte bibliografische Daten sind im Internet über http://dnb.ddb.de abrufbar.

Printed in Germany

ISBN 978-3-8404-1003-1

Antje Wischnewski

INHALT

INHALT

Verehrter Leser,

zirzensische Bodenarbeit ist eine faszinierende Art, mit einem Pferd zu arbeiten. Die Faszination liegt dabei nicht allein in den Lektionen, die Sie mit Ihrem Pferd erarbeiten, sondern vor allem in der Art und Weise, wie Sie das tun. Wenn Sie den Weg auf Geduld, Vertrauen und Konsequenz und nicht auf Krampf und Stress aufbauen, werden Sie ganz neue Seiten Ihres Pferdes kennenlernen. Ihre Beziehung zueinander wird motivierter, inniger, partnerschaftlicher und erfüllt von gegenseitigem Verstehen.

Dieses Buch wird Ihnen helfen, die Funktion und die Zusammenhänge der einzelnen Übungen besser zu verstehen. Besonderes Augenmerk gilt dabei dem logischen Trainingsaufbau. Mit diesem Wissen können Sie Ihren eigenen Weg und Stil finden.

Als Basis für die ersten Lektionen reicht ein normales Maß an Longenarbeit oder Reiterei zur Gymnastizierung und zum Aufbau von Kondition. Sie werden beobachten, dass, wenn Ihr Pferd eine Übung verstanden hat, es motiviert an die Verbesserung sowie an neue Aufgaben herangeht.

„Dressur ist sichtbar gemachte Liebe.“

(Zitat von Fredy Knie senior, Altmeister der Pferdedressur)

Diesem Motto folgend, wünsche ich Ihnen viel Spaß beim Lesen und viel Erfolg mit Ihrem Pferd!

Ihr Horst Becker
Ausbilder in der klassischen Dressur
Autor von *Das athletische Pferd* und *Handbuch der Doppellongenarbeit*

Über den Sinn und Nutzen von Zirkuslektionen

Artistische Kunststücke auf und mit Pferden haben im Zirkus eine jahrhundertelange Tradition. Noch bis Ende des 19. Jahrhunderts dominierten im Zirkus Schaunummern mit Pferden, bevor Wildtierdressuren und Akrobatik hinzukamen. Die Zirkusreiterei besaß ein hohes gesellschaftliches Ansehen und beinhaltete schwierige Lektionen der Hohen Schule wie etwa Piaffe oder Levade. In der Ausbildung von Zirkuspferden engagierten sich auch Meister der klassischen Reitkunst.

Erklärt heute ein Pferdebesitzer, er übe mit seinem Pferd Zirkuslektionen, wird er oft milde belächelt. Zirzensische Lektionen werden wahlweise als Spielerei angesehen oder aber als widernatürliche Dressur gebrandmarkt – wobei an dieser Stelle angemerkt sei, dass Reiten keineswegs natürlicher für das Pferd ist, denn sein Rücken ist nicht dafür geschaffen, Lasten zu tragen.

In Shows oder im Zirkus sind Pferdedressuren nichtsdestotrotz immer noch sehr beliebt. Doch wie steht es mit dem Vorwurf des „Unnatürlichen“? Missachten zirzensische Lektionen die Natur des Tieres – oder entsprechen sie vielmehr dem natürlichen Ausdrucksrepertoire der Pferde?

■ Die Levade in einer Pferdeshow. Am Boden trägt das Pferd dabei stets Ausbinder, sie erleichtern ihm die Versammlung. (Foto: Slawik)

Nun, ein Bild sagt mehr als tausend Worte, und so sollen zwei Fotos zeigen, dass es in den meisten Fällen eine unerwartete Übereinstimmung natürlicher Bewegungen und absichtlicher Dressur gibt:

Freunde natürlicher Tierhaltung werden nun fragen, weshalb Pferde ohne Abrichtung solche „Verbeugungen" machen. Was hat das für einen Sinn? Wollen sie damit anderen Pferden etwas signalisieren? Oder reagieren sie damit auf ihre

■ Angedeutetes „Kompliment" bei spielenden Pferden (Foto: Miček)

Andressiertes „Kompliment" in der Reitbahn ■ (Foto: Leitner)

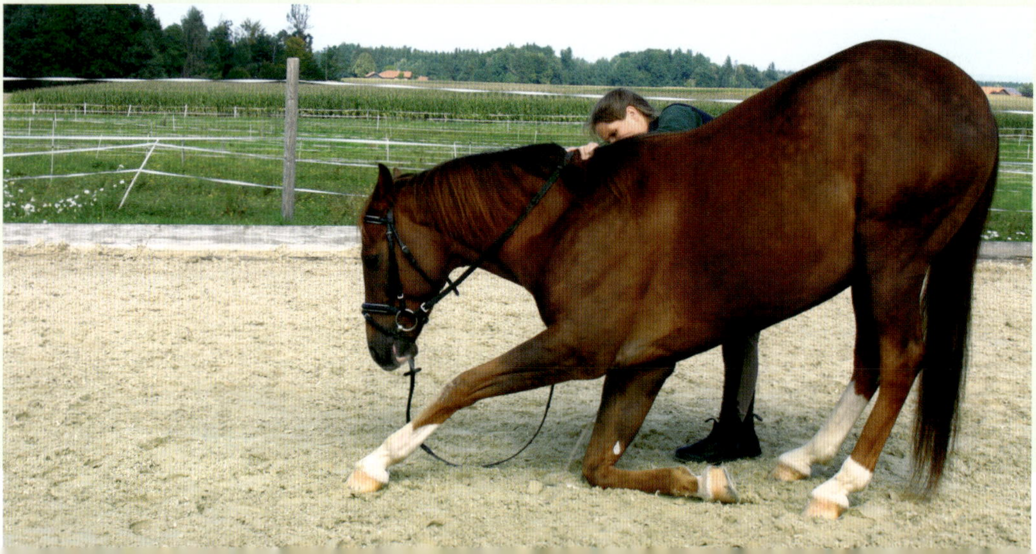

Artgenossen? Ist es eine Demutshaltung, etwa wie unser „Diener“ vor Monarchen? Oder zeigt es innere Konflikte an, die sich in bizarren Verrenkungen ausdrücken?

Die Verhaltensforschung hat uns tatsächlich viele seltsam erscheinende Tiergebärden als innerartliche „Sprache“ erklären können. Später werden wir darauf noch näher eingehen.

Doch neben äußeren Motiven gibt es auch noch innere: Wer sich nach langem Sitzen steif vom Stuhl erhebt, der wird ein Bedürfnis nach Dehnung seiner Glieder oder seines Rückens verspüren und sich strecken und recken, ohne seiner Umgebung hierdurch etwas mitteilen zu wollen. Und da selbst eine naturnahe Tierhaltung nicht die volle Freiheit der Wildnis bietet, sind Haustiere wie das Pferd ebenfalls manch einseitigen Bedingungen ausgesetzt, die in ihnen das Bedürfnis nach Ausgleichsbewegungen wecken. Auch Pferde dehnen, strecken und biegen sich, ohne ihren Artgenossen damit etwas signalisieren zu wollen – „einfach so“.

Derartige Bewegungsmuster ähneln bisweilen zufällig irgendwelchen unserer menschlichen Gesten: Was dem Pferd vielleicht nur der Streckung seiner Muskeln dient, sieht für uns aus wie ein „Knicks", eine Verbeugung zum Zeichen des Dankes oder der Verehrung. Und zeigt ein Zirkuspferd dergleichen in der Arena, dann gibt es Beifall für seine „Höflichkeit“.

Das bedeutet jedoch nicht, dass man das Tier gänzlich missversteht! Denn auch Tieren machen Abwechslung, Können und Kraftbeweise Spaß – man muss sich nur das Imponiergehabe wild lebender Mustanghengste ansehen. Oder Fohlen beim Spiel beobachten – sie „tollen“ da keineswegs herum, denn „toll“ bedeutet ja eigentlich „verrückt“, und diese Tierkinder tun etwas ganz und gar nicht Närrisches – sie erproben einfach ihre Bewegungsmöglichkeiten, stärken ihre Kräfte und machen sich fit.

In der freien Wildbahn geschieht das nach dem Bedürfnis des Augenblicks; dem Haustier muss man hingegen gezielte Möglichkeiten zum Ausgleich bieten. Erst recht, wenn es für uns arbeitet, wenn wir das Pferd reiten oder Lasten ziehen lassen. Und da sind die Möglichkeiten doch begrenzt: Koppelgang, Paddock, Freispringen oder Führmaschine sind nur magere Antworten auf den vielfältigen Bewegungsdrang eines gesunden, wachen Pferdes. Und so mancher Halter wird sich wünschen, seinem tierischen Freund mehr Abwechslung bieten zu können.

Zudem wird die übliche Reiterei oder Fahrerei irgendwann auch für den Reiter und Kutscher langweilig, und er mag sich nach Kurzweil und Bereicherung der gewohnten Übungen sehnen. Hier finden sich dann Mensch und Tier im gleichen Bedürfnis, und es ist ganz und gar nicht unnatürlich, wenn man nach Wegen sucht, diese Bedürfnisse zu befriedigen! Kurz: Man müsste Optionen kennen, die Körper und Sinne außerhalb des Gewohnten ansprechen.

Solche Optionen bieten zirzensische Lektionen! Und zwar für Tier und Mensch: Wer Pferde zu Zirkuslektionen anleiten will, wird bald merken, dass er als Ausbilder seine Bewegungen und Signale viel feiner und genauer kontrollieren muss, als dies dem Zuschauer erscheint! Denn Pferde haben eine extrem subtile Wahrnehmung für leiseste Andeutungen und merken sofort, wenn wir unkonzentriert oder inkonsequent in unseren

Kommandos sind – wer mit Tieren in der Manege arbeitet, spürt seine körperliche Leistung kaum weniger als der Reiter nach dem Training.

Doch equestrische Zirkuslektionen sollen neben der Gymnastik auch ästhetisch Freude machen! Ebenso wie beim Reiten und Geschicklichkeitsfahren erstreben und bewundern wir Harmonie, Gelöstheit, Leichtigkeit und Präzision im Zusammenspiel von Mensch und Pferd. Es soll schön aussehen, aber nicht nur als Effekt, sondern substanziell, aus gelungener Arbeit heraus.

Der menschliche Artist präsentiert uns Extremleistungen, die so außerordentlich sind, dass sie schier unglaublich erscheinen. Das hat dem Zirkus den Ruf des Unnatürlichen eingetragen und Tierschützer dazu veranlasst, zu fordern, man solle keine Dressuren mehr zeigen, weil die Tiere dabei entwürdigt und lächerlich gemacht würden. Doch wer sich näher mit zirzensischen Lektionen befasst, der erkennt bald, dass das Artistenbeispiel auf Tiere nicht übertragbar ist. Man kann Tieren langfristig nur das abverlangen, was in der Wurzel ihrem arteigenen Repertoire entstammt. Widernatürlich Aufgesetztes behalten Tiere allenfalls zeitweise bei; irgendwann kippen sie in ihre naturgegebenen Verhaltensmuster zurück und widersetzen sich jeder weiteren Dressur, wie Forscher in Langzeitbeobachtungen herausfanden. Und so wird der Pferdedresseur nur dann dauerhaften Erfolg haben, wenn er sich im Rahmen natürlicher Anlagen bewegt.

Gerade das aber macht eine gekonnte Zirkuslektion für Mensch und Pferd so fruchtbar: Neben der Harmonie und der Beweglichkeit gedeiht der gesamte Umgang miteinander durch die Anregung für Körper und Sinne, die von solchen Übungen ausgeht.

Doch wie man weiß, ist es bis zur ersehnten Harmonie ein weiter Weg: Man kann nicht gleich mit Piaffe, Passage oder Levade einsteigen; man muss von vorn beginnen, mit einfachen kleinen Übungen, in denen die Weichen für das gestellt werden, was wir später erreichen wollen. So gesehen sind die scheinbar simplen Aufmerksamkeitslektionen, die wir hier als Grundübungen vorschlagen, das Fundament, auf dem alle raffinierteren Lektionen aufbauen, und wer hier nicht achtgibt, der kommt nicht zum Ziel!

Gleichwohl kann es sich unerwartet schwierig gestalten, so einfache Voraussetzungen wie konzentrierte Aufmerksamkeit zu erlangen – Pferde sind da nicht anders als Schulkinder. Andererseits freut man sich umso mehr, wenn man schließlich die ungeteilte Aufmerksamkeit seines Pferdes hat. Das ist ein Grundsatz unserer „Philosophie“: Die Dressurarbeit soll Pferd wie Mensch Freude und Erfolgserlebnisse bringen!

Darüber hinaus haben diese Übungen auch einen gymnastischen Effekt, sodass man mit den Lektionen unter Beachtung der Biomechanik bestimmte Muskelgruppen trainieren, dehnen oder entspannen kann. Unter dem Begriff „Biomechanik“ versteht man „die Lehre der Bewegung von Mensch und Tier. Sie erforscht die Bewegung vom Standpunkt der Gesetze der Mechanik, denen alle Bewegungen stofflicher Körper ausnahmslos unterliegen“ (Donskoi). Durch die ausführliche Beschreibung der biomechanischen Grundlagen der einzelnen Lektionen gewinnen Sie also ein tieferes Verständnis der Zusammenhänge im Pferdekörper.

Ein Buch kann individuelle Anleitung freilich nicht ersetzen. Mensch und Tier sind je nach Disposition, Tagesform, Sympathie und Leistungskraft keinen Tag, ja keine Stunde gleich. Unser Buch wird deshalb vor allem die Prinzipien erläutern, nach denen man sich erfahrungsgemäß richten sollte, wenn man die natürlichen Anlagen des Pferdes behutsam in die gewünschte Richtung lenken möchte. Und es wird dazu Lektionen vorstellen, die so aufeinander abgestimmt sind, dass stufenweise die Verfeinerung und Vervollkommnung der zirzensischen Figuren möglich wird. Es enthält aber ausdrücklich keine Gebrauchsanweisung. Es geht mehr um das Warum (warum soll oder kann ich meinem Pferd Zirkuslektionen beibringen?); das Wie kann man niemals nur aus einem Buch erlernen; die Zusammenarbeit mit einem erfahrenen Trainer ist hierfür unerlässlich.

Wie weit der Einzelne auf der Übungsleiter fortschreitet, hängt nicht zuletzt von der Bereitwilligkeit und den Möglichkeiten des einzelnen Pferdes ab: Man muss abwägen, ob andressierte Verhaltensweisen, wie beispielsweise das Steigen nicht anderswo Probleme hervorrufen können, sodass man die betreffenden Lektionen im speziellen Fall besser ausspart!

Freude behalten Mensch und Tier nur, wenn beide im Rahmen ihrer natürlichen Gegebenheiten bleiben. Dann aber können zirzensische Lektionen eine abwechslungsreiche, gymnastisch formende und ästhetisch schöne Option für all jene sein, die über das übliche Programm von Reiterei und Gespannfahren hinauskommen wollen.

Dazu wünschen wir unseren Lesern und ihren Pferdepartnern viel Mut, Geduld, Freude und Erfolg!

■ Das Steigen sollte man immer nur dosiert üben, sonst kann es zu Problemen kommen. (Foto: Slawik)

Anatomie und Sinnesphysiologie

Um die Wirkung bestimmter Lektionen auf den Körper des Pferdes zu begreifen, muss man zunächst etwas über den Aufbau und die natürlichen Gegebenheiten dieses Körpers wissen.

Man liest in der Pferdeliteratur viel über die „Brückenkonstruktion" des Pferdes. Aber was ist das genau? Wie ist ein Pferd konstruiert, dass es seinen Körper so scheinbar mühelos in der Balance halten und dazu noch einen Reiter tragen kann? In diesem Zusammenhang werden Kopf und Hals ja gern als „Balancierstange" bezeichnet, doch wie kann ein Pferd seinen schweren Kopf, der wie ein Ausleger an einem Kran an den Rumpf „montiert" ist, halten, ohne dass er ihm ständig ermüdet nach unten hängt?

Antworten darauf findet man, wenn man sich mit dem Aufbau (der Anatomie) und mit der Wirkungsweise (Biomechanik) des Pferdekörpers beschäftigt.

Wir teilen dazu den Pferdekörper in den Rumpf und die Gliedmaßen ein: Der Rumpf besteht aus Kopf, Hals und Körper einschließlich des Schweifes; die Gliedmaßen tragen diesen Rumpf und lassen sich nochmals in Vorderhand und Hinterhand unterteilen.

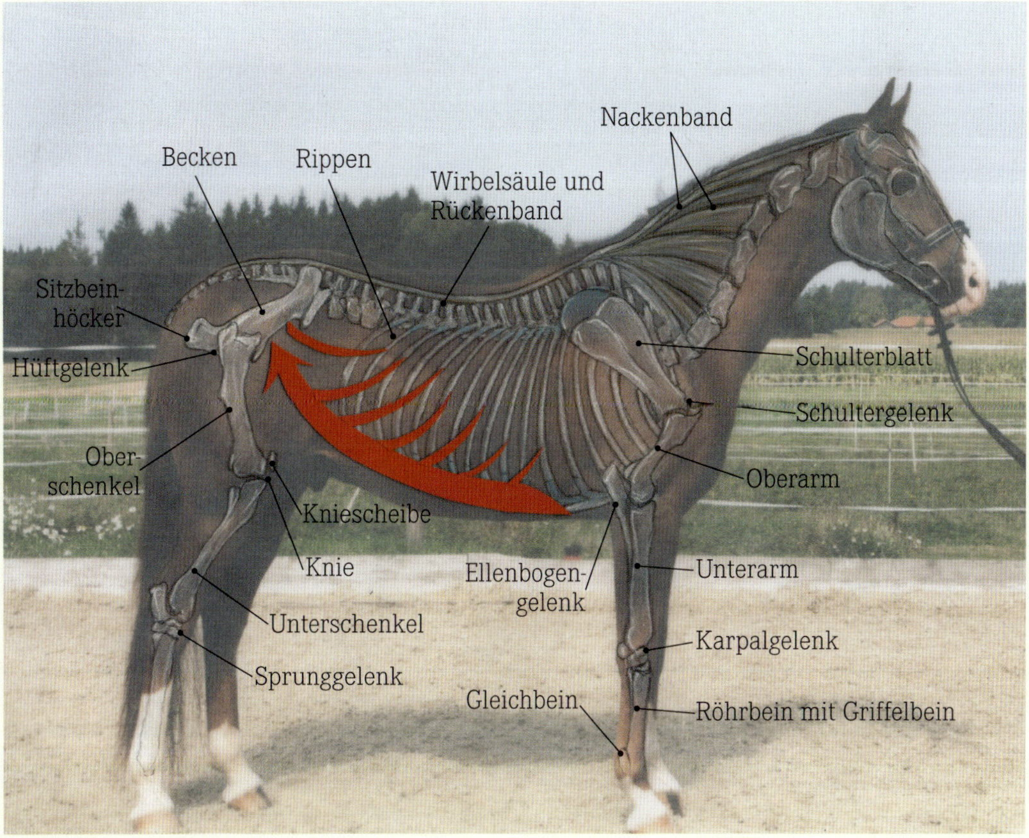

■ Pferdeskelett mit Nacken- und Rückenband. Der rote Pfeil zeigt die Hauptwirkung der Bauchmuskulatur. (Grafik: Dr. Wolfgang Reuber)

Der Rumpf

Das knöcherne Gerüst

Mit dem Kopf an ihrem vorderen Ende zieht sich die Wirbelsäule durch den gesamten Rumpf. Dem Kopf schließt sich der Hals mit seinen sehr beweglich miteinander verbundenen sieben Halswirbeln an (übrigens hat auch der Mensch sieben Halswirbel - obwohl unsere Kopf-Rumpf-Verbindung zweifellos deutlich kürzer ist). Im Anschluss folgt die wenig bewegliche Brustwirbelsäule, die aus 18 Wirbeln mit ihren langen Dornfortsätzen besteht. Dornfortsätze sind längliche Auswüchse auf der Oberseite der Wirbel, die im vorderen Bereich (Wirbel vier oder fünf) am längsten sind und damit den Widerrist bilden, während sie nach hinten (bis Wirbel 12 oder 13) immer niedriger werden. An den ersten dieser Dornfortsätze ist der Nackenstrang befestigt. Als Nackenband zieht er vom vierten (oder auch dritten) Dornfortsatz zum Hinterkopf, und mit der Nackenplatte von den ersten Brustwirbeln und vom Nackenband ausgehend zum zweiten bis siebten Halswirbel. Der Nackenstrang und die kräftig ausgebildete Oberhalsmuskulatur haben damit die Funktion, den Kopf zu tragen. Der Nackenstrang verläuft danach als Rückenband auf den Dornfortsätzen aller weiteren Wirbel nach hinten und hat für die gesamte Biomechanik eine wichtige Bedeutung, auf die wir später noch genauer eingehen.

Zusätzlich zu den nach oben reichenden Dornfortsätzen schränken die links und rechts abgehenden Rippen eine Seitwärtsbiegung der Brustwirbelsäule ein. An jedem der 18 Brustwirbel befindet sich ein Rippenpaar, wobei sich die ersten acht unten mit dem Brustbein verbinden und so den Brustkorb bilden. Die hinteren zehn Rippen haben eine knorpelige Verbindung zu der jeweils vorangegangenen, nicht aber zu jener der Gegenseite.

Der Brustwirbelsäule schließt sich nach hinten die Lendenwirbelsäule an. Sie besteht in der Regel aus sechs Lendenwirbeln, die relativ beweglich miteinander verbunden sind und die sogenannte Nierenpartie des Pferdes bilden.

An die Lendenwirbel reihen sich die fünf Kreuzwirbel, die beim Pferd ab einem Alter von vier bis fünf Jahren zu einem festen, unbeweglichen Kreuzbein verwachsen. An diesem stabilen Gebilde ist über das Becken die Hinterhand befestigt.

Den Kreuzwirbeln folgen nun noch die 15 bis 21 sehr beweglich miteinander verbundenen Schwanzwirbel, welche die Kruppe abrunden und die Grundlage der Schweifrübe bilden.

Muskeln und Bänder – die „Brückenkonstruktion"

Stabilisiert wird dieses recht wackelige knöcherne Gerüst durch eine Menge Muskeln und Bänder. Jeder einzelne Wirbel ist über unzählige solcher Bänder mit seinen Nachbarwirbeln verzurrt. Zusätzlich gibt es lange Bänder wie den Nackenstrang und das Rückenband, die nicht nur benachbarte Wirbel aneinanderkoppeln, sondern über mehrere Wirbel hinwegreichen. Das gibt dem Ganzen eine erhebliche Stabilität, würde aber noch keine aktive Bewegung erlauben.

Hierfür werden Muskeln benötigt. Wir wollen an dieser Stelle nur wenige, für die Biomechanik des Pferdes besonders wichtige Muskelgruppen nennen, weil eine detaillierte Darstellung den Rahmen dieses Buches sprengen würde.

Zunächst einmal kann man Muskeln grundsätzlich in Beuger und Strecker einteilen, je nachdem, ob sie beim Zusammenziehen (Kontrahieren) ein Gelenk beugen oder strecken. Daneben gibt es noch Seitwärtsbieger und Dreher.

Am Rumpf des Pferdes überwiegt die Zahl der Wirbelsäulenstrecker (also jener, die die Wirbelsäulenenden nach oben biegen) die Zahl der Beuger bei Weitem: Während an der Halsunterseite noch relativ kräftige Beugemuskeln vorkommen, finden sich an der mittleren Brustwirbelsäule gar keine mehr. Und die Muskeln, die im hinteren Brustwirbel- und Lendenbereich vorhanden sind, zählen eher zur Muskulatur der Hinterhand und sind vor allem für deren Bewegung zuständig.

Warum aber besitzt das Pferd so wenig spezialisierte Muskulatur, um seine Wirbelsäule

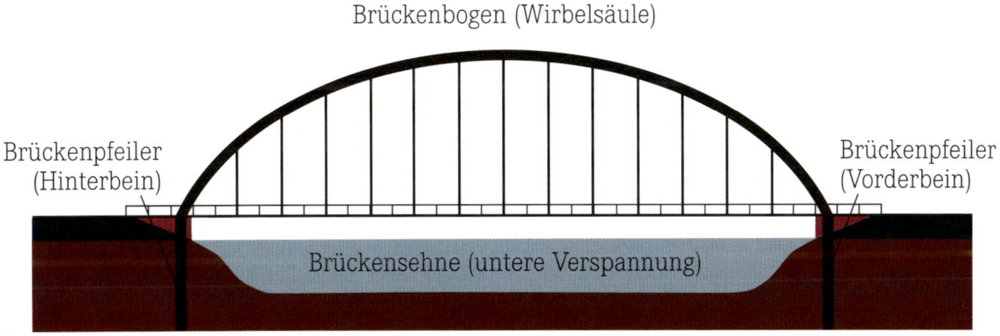

Die Brückenkonstruktion des Pferdes

Der Rumpf des Pferdes wird in sich stabilisiert wie eine parabolische Bogensehnenbrücke (siehe Bild). Bei solchen Brücken spannt sich die Fahrbahn wie eine Bogensehne zwischen die Bogenenden. Die Fahrbahn wird belastbar, und der Bogen kann nicht einsinken. Beim Pferd übernimmt die Wirbelsäule mit ihren Muskeln, Sehnen und Bändern die Funktion des oberen Brückenbogens, wenngleich sie nur einen sehr flachen Bogen bildet. Die Funktion der Bogensehne übernehmen der Brustkorb mit seinen Rippen und dem Brustbein sowie die Bauchmuskulatur. Ohne diese untere Verspannung würde die Wirbelsäule nach unten durchhängen, und das Pferd könnte nicht einmal sein eigenes Gewicht, geschweige das eines Reiters, tragen. Unterstützt wird das Ganze in der Natur durch das Nacken- Rückenband, das bei gesenktem Kopf die Dornfortsätze aufrichtet und den Rücken anhebt.

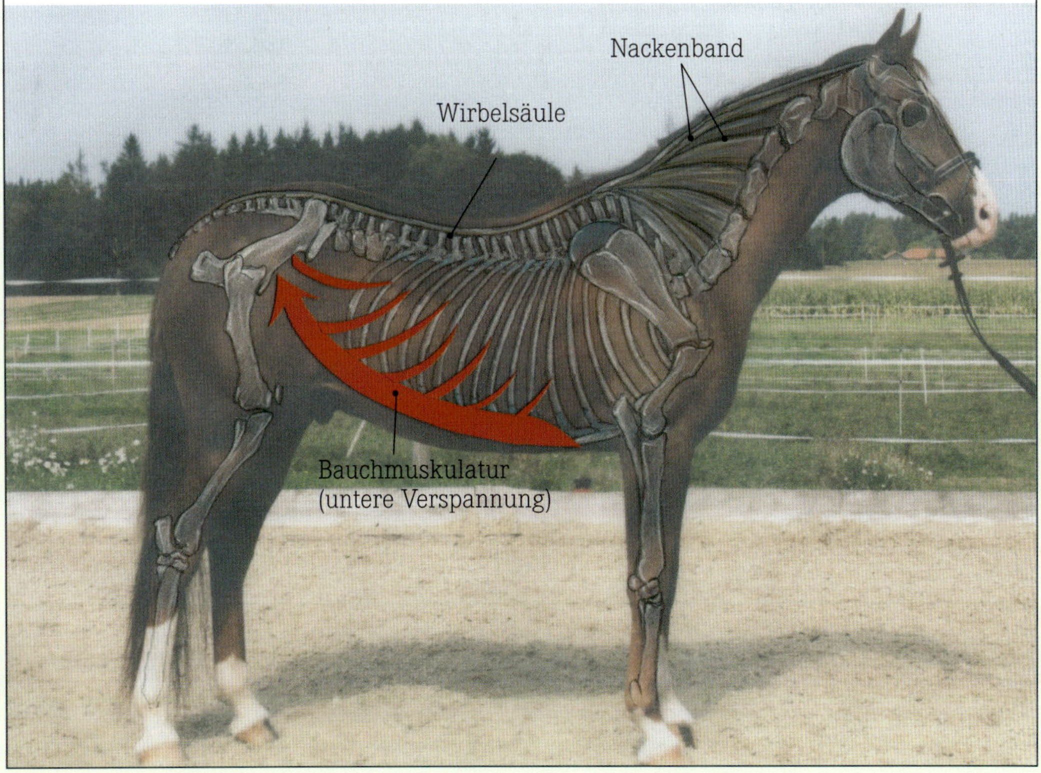

■ Das Pferd hebt den Kopf und drückt den Rücken nach unten weg.
(Fotos: Leitner)

■ Das Pferd hat den Kopf gesenkt und wölbt dadurch den Rücken auf.

nach oben zu wölben? Jeder Reiter weiß, dass der durchgedrückte Rücken die Gefahr birgt, dass sich die Dornfortsätze einander annähern oder sogar berühren, was zu schmerzhaften Entzündungen führen kann. Zudem ist eine solche Konstruktion wenig belastbar. Doch die Natur hat hier eine einfache Lösung gefunden: Indem das Pferd Kopf und Hals senkt (wie etwa beim Grasen), wird das Nackenband angespannt, welches den Rücken ohne weitere Kraftanstrengung anhebt. Das ist die besagte Brückenkonstruktion mit konvexer Wirbelsäulenwölbung.

Das frei lebende Pferd befindet sich die meiste Zeit des Tages in dieser Position, denn es ist 12 bis 16 Stunden täglich mit Fressen beschäftigt.

Was aber, wenn der Reiter aufsteigt? Nun, auch dann muss die Brückenkonstruktion „zum Tragen kommen". Dazu braucht das Pferd seine Bauchmuskulatur, die Muskulatur der Hinterhand und die des Halses: Nimmt das Pferd in der Dehnungshaltung den Kopf nach unten, ziehen das Nackenband in Verbindung mit der Halsmuskulatur und in seiner Fortsetzung das Rückenband die Dornfortsätze der Wirbel auseinander und wölben die Wirbelsäule nach oben auf. Die Last des Rumpfes verschiebt sich nun etwas mehr auf die Vorhand, die Hinterhand kann weiter unter den Schwerpunkt treten, wodurch sich die Kruppe absenkt und den hinteren Rücken aufwölbt. Die Bauchmuskulatur, die im Wesentlichen zwischen Brustbein, Rippen und Becken verläuft, tut das Ihrige dazu, indem sie den unteren Teil des Beckens nach vorn zieht.

Wird die Hinterhand jedoch nicht weiter unter den Schwerpunkt geschoben, bleibt das vermehrte Gewicht auch bei gesenktem Kopf auf der Vorhand, und das Pferd „latscht" dahin, wie man es beim Reiten nicht haben möchte, aber leider allzu oft sieht.

Das versammelte Pferd trägt den Kopf höher, doch auch hier funktioniert die Rückenaufwölbung ähnlich: Die Arbeit des Nackenbandes wird nun weitgehend durch die Oberhalsmuskulatur ersetzt, die die Dornfortsätze des Widerrists nach vorn zieht. Das Rückenband wird gespannt, indem das Becken abkippt und die Hinterbeine sich beugen und weiter unter den Schwerpunkt treten.

Die Gliedmaßen

Die Vorhand des Pferdes ist, im Gegensatz zum menschlichen Arm, nicht über einen Knochen mit dem Brustbein verbunden (dem Pferd fehlt das Schlüsselbein). Sein Brustkorb ist zwischen den beiden Vorderbeinen über Muskeln, Sehnen und Bänder elastisch aufgehängt. Dies erklärt, warum die Vorhand vor allem eine stützende Funktion hat und weniger für den Vortrieb gemacht ist. Das ist auch in dem im Vergleich zur Hinterhand mehr säulenartigen Aufbau der Vorderbeine zu erkennen: Über das Schulterblatt und den Oberarm, die durch das Buggelenk

■ Der Brustkorb ist über Muskeln, Bänder und Sehnen wie eine Hängematte zwischen den beiden Vorderbeinen aufgehängt.

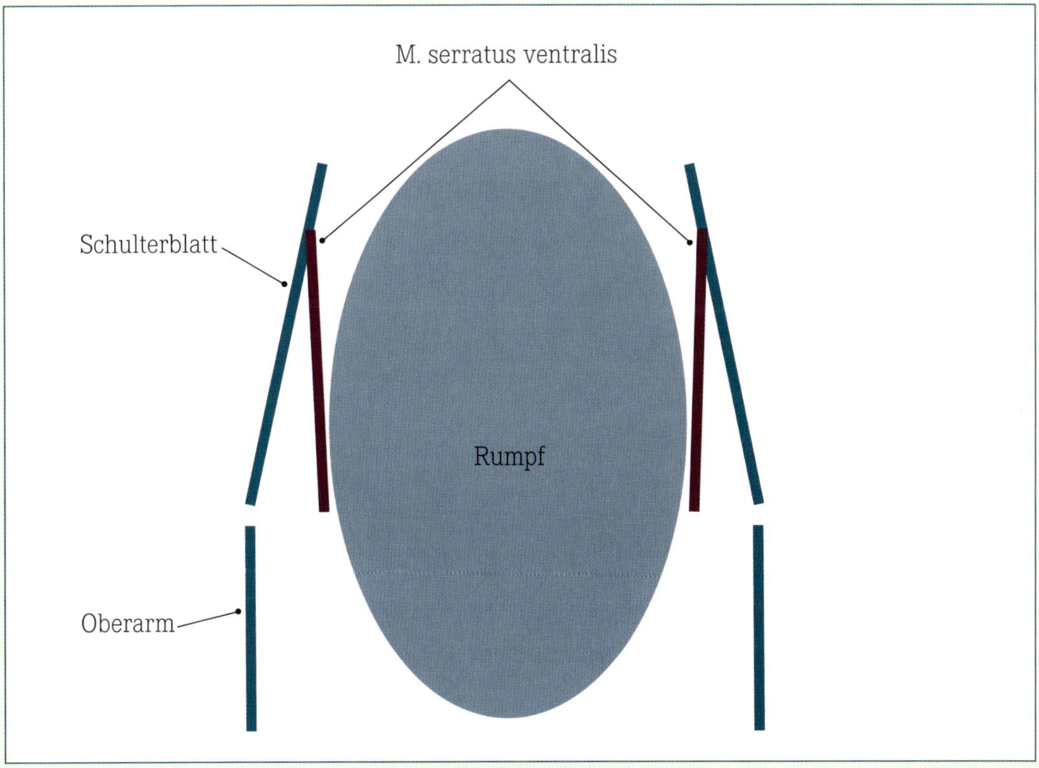

miteinander verbunden sind, ist das Vorderbein am Rumpf befestigt. Erst der Unterarm liegt ab dem Ellbogengelenk nicht mehr am Rumpf an. Ihm folgen in gestreckter Haltung das Karpalgelenk (Vorderfußwurzelgelenk) und das Röhrbein mit den beiden seitlich anliegenden Griffelbeinen. Das Fesselgelenk mit dem Fesselbein, dem sich das Krongelenk, das Kronbein und schließlich das Hufgelenk mit dem Hufbein anschließen, ist über einen komplizierten Sehnen- und Bandapparat (dem sogenannten „Fesselträger") in einer überstreckten Stellung fixiert.

Diese Konstruktion des Vorderbeins erlaubt eine Stoßdämpfung nur in zwei Bereichen: zum einen in der Aufhängung des Brustkorbes zwischen den beiden Vorderbeinen, zum anderen im Fesselgelenk. Die muskuläre Aufhängung des Brustkorbs sollte deshalb gut trainiert sein, damit sie dieser Aufgabe gerecht werden kann. Hängt der Brustkorb wie an zwei völlig überdehnten Gummibändern zwischen den Schulterblättern, kann man keine Abfederung des Reitergewichtes erwarten. Sind die Muskeln jedoch trainiert und heben den Brustkorb zwischen den Schulterblättern hoch, dann können sie auch die Stöße wie elastische Gummibänder abfangen und somit dazu beitragen, das Fesselgelenk und seinen Halteapparat zu entlasten.

Die Hinterhand hat im Gegensatz dazu eine knöcherne Verbindung zum Rumpf: das Becken. Dieser stabile Knochenring ist mit einem nur wenig Spielraum bietenden Gelenk, dem Kreuzdarmbeingelenk, am Kreuzbein befestigt und wird zusätzlich über zahlreiche Bänder und Muskeln an der Wirbelsäule stabilisiert. Am unteren Becken wiederum ist über das gut bewegliche Hüftgelenk das Hinterbein befestigt, welches über diese stabile Verbindung seine ganze Kraft auf die Wirbelsäule und somit auf den Rumpf übertragen kann. Die stärkere Winkelung des Hinterbeins wirkt wie eine vorgespannte Feder, die eine bessere Kraftübertragung ermöglicht. Das Kniegelenk, das sich wie beim Menschen an den Oberschenkel anschließt, ist beim Pferd noch knapp in den Rumpf eingefügt, doch der Unterschenkel mit dem sich daran anschließenden Sprunggelenk (Tarsalgelenk) ist frei. Dem Tarsalgelenk folgen dann, wie bei der Vorhand, Röhrbein, Fesselbein, Kronbein und Hufbein mit den entsprechenden Gelenken.

Diese Übersicht soll einer ersten Orientierung dienen; auf detailliertere Funktionen gehen wir später bei den einzelnen Lektionen ein.

Die Bedeutung des Aufwärmens für die Muskulatur

Der Muskel ist ein Gewebe mit besonderen Zellen, die die Fähigkeit haben, sich zusammenzuziehen oder zu dehnen. In diesen Zellen befinden sich die sogenannten Myofibrillen, die wie zwei gegenüberliegende Kämme ineinandergreifen. Überlappen sich die Zinken dieser Kämme weit, dann ist der Muskel zusammengezogen (kontrahiert); überlappen die Zinken nur wenig, ist der Muskel gedehnt. Zwischen diesen beiden Extremen liegt die Ruheposition, in der der Muskel entspannt ist. Ein Muskel kann sich fast auf das Zweifache seiner Ruhelänge dehnen. Wird er noch weiter gedehnt, beginnt er zu reißen.

Bei jeder Bewegung des Muskels wird Energie verbraucht und Sauerstoff benötigt. Da der Sauerstoff mit dem Blut herantransportiert wird, muss ein Muskel gut durchblutet werden, um arbeiten zu können. Fehlt der Sauerstoff, wird auf einen anderen Stoffwechselweg umgeschaltet (anaerobe Milchsäuregärung), und der Muskel beginnt zu übersäuern, wobei er schließlich Schaden nimmt. Außerdem steht auf diesem Weg 15-mal weniger Energie (ATP = Adenosintriphosphat) zur Verfügung als mit Sauerstoff.

Der Muskel ist jedoch nicht immer gleichmäßig durchblutet, sondern der Körper reguliert die Blutzufuhr in die verschiedenen Körperregionen je nach Bedarf: Wenn das Pferd frisst, befindet sich mehr Blut im Verdauungstrakt als im Bewegungsapparat, da dort die Nährstoffe abtransportiert werden müssen. Ist das Pferd hingegen auf der Flucht, wird verstärkt Blut in die Muskulatur gepumpt.

Daraus erklärt sich, dass ein Muskel erst auf seine Arbeit vorbereitet werden muss. Wird das Pferd vom Futtertrog weggezogen und soll sofort Höchstleistungen vollbringen, führt das unweigerlich zu Schäden. Der Körper braucht Zeit, um die Durchblutung der Muskulatur zu steigern und die Energiegewinnung aus seinen Speichern anzufahren. Diese „Aufwärmphase“, die zu einer tatsächlichen Erwärmung der Muskulatur führt, muss dem Pferd bei jedem Training gegeben werden. Man fängt also mit ruhigen Bewegungen an und steigert sie langsam zu schnellen oder großen. Zum Aufwärmen eignet sich am besten der Schritt, weil er eine langsame Bewegung darstellt. Dabei ist es unerheblich, ob man im Schritt führt oder reitet. Man kann ein Stück spazieren gehen oder mit leichten, langsam durchgeführten Dressurlektionen vom Sattel aus beginnen.

Neben dem Aufbau und der Funktion des Pferdekörpers ist es aber auch wichtig zu wissen, wie ein Pferd mit seinen Sinnen seine Umwelt und uns wahrnimmt. Pferde erleben die Welt anders als wir, und je mehr wir darüber wissen, desto besser lassen sich viele Reaktionen erklären, die uns zunächst unverständlich erscheinen.

Was sehen wir – was sieht ein Pferd?

Für uns Zivilisationsmenschen ist das Sehen zum meistbeachteten Sinn geworden – wohl weil Lesen und Schreiben unsere Kultur beherrschen. Das war nicht immer so: Unsere steinzeitlichen Vorfahren mussten Hören und Riechen, Schmecken und Tasten viel wichtiger nehmen als wir, denn ihre Welt war nachts nicht beleuchtet, sie kannten die Eigenschaften von vielem Essbaren und Giftigen noch nicht, und sie waren in der Wildnis weniger geschützt als wir in unseren Häusern. Sie mussten also viel wachsamer sein. Wie man es gern beim Pferd tut, so könnte man demnach auch Menschen ihrem Ursprung nach als „Fluchttiere“ bezeichnen, denn in der Urzeit waren sie meist nicht die Jäger, sondern die Gejagten (Schrenk, 1997).

Ein solches Lebewesen braucht feine Sinne, um rechtzeitig reagieren zu können. Für die Menschenartigen hieß das lange Zeit: Flucht hinauf in die Bäume. Das Pferd hingegen sucht in der Not sein Heil zunächst im Davonrennen. Und da es sehr viel schneller laufen kann als wir, müssen seine Augen und sein Gehirn den Boden, über den es rennt, viel rascher erfassen und einschätzen, um nicht zu stolpern. Während uns Menschen mehr als 24 Einzelbilder pro Sekunde (wie in Kinofilmen) schon als fließende Bewegung erscheinen, ziehen die Dinge für schnell bewegliche Tiere wesentlich langsamer vorbei, was in Stressreaktionen wie der Flucht sogar einen „Zeitlupen"-Eindruck erwecken kann. Auch Menschen berichten, in Notlagen seien ihnen die Ereignisse wie im Kriechtempo vorgekommen. Diese Wahrnehmungsveränderung wird auf spezielle Stresshormonwirkungen zurückgeführt, doch schon im „Normalbetrieb" könnte ein Wildpferd es sich nicht leisten, sich so langsam zu orientieren wie wir – es würde über Stock und Stein stürzen. (Wer noch flinker flüchten muss, wie etwa die Stubenfliege, der

■ (Foto: Leitner)

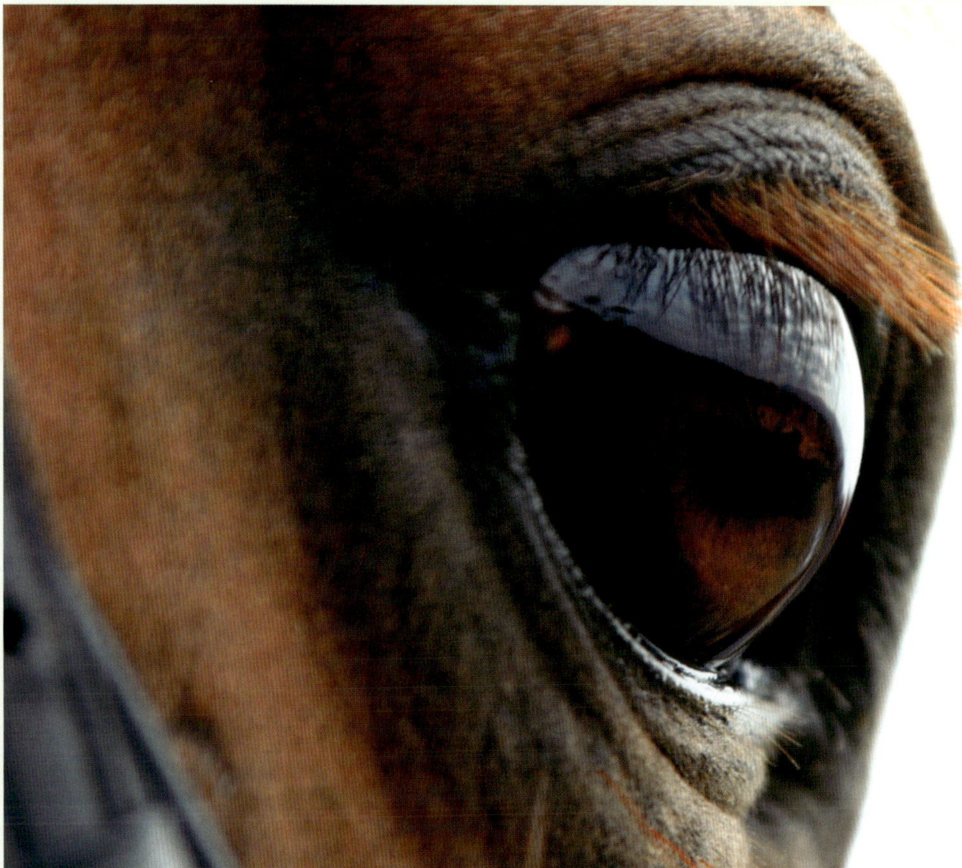

kann sogar bis zu 300 Einzelbilder pro Sekunde noch unterscheiden – das Leben als „Diavortrag").

Auch räumlich muss sich ein Fluchttier gut orientieren können. Und so staunt man über Berichte, dass einäugige Pferde sogar Springparcours bewältigen. Das widerspricht scheinbar der gängigen Meinung, man könne nur durch zweiäugiges Sehen einen Raum taxieren, indem das Gehirn die leichten Blickwinkelverschiebungen beider Augen zu einem plastischen Bild zusammensetzt. Letzteres stimmt zwar, doch fand man unlängst beim Menschen heraus, dass auch schon die Verschiebung des bewegten Bildes auf der Netzhaut eines einzelnen Auges durch das Streifen des Lichteindrucks über verschiedene Netzhautzonen eine räumliche Bewertung erlaubt. Falls dies auch für das Pferd gilt, so würde verständlich, wie dessen gute Raumorientierung trotz der seitlich angeordneten Augenstellung möglich ist, die ja einen Abgleich von linkem und rechtem Seheindruck erschwert.

In der Dämmerung hat das Pferdeauge einen Vorteil gegenüber dem menschlichen Auge: Das Restlicht wird darin durch eine reflektierende Schicht verstärkt (Tapetum lucidum). Aber auch die Tasthaare um Maul und Auge sollen auf einige Entfernung hin eine räumliche Orientierung erlauben. Man darf sie also auf keinen Fall abschneiden!

Farben können Pflanzenfresser wie das Pferd wohl nur eingeschränkt wahrnehmen, obgleich die zuständigen Netzhautzellen bei ihnen vorhanden sind. Doch lässt sich das tierliche Farbensehen nur sehr schwer erforschen, denn wir erhalten darüber ja keine Auskunft von ihnen.

Der Ausschnitt der Umgebung, den das Pferd sieht, ist ein ganz anderer als unserer: Trichterförmig nach vorn sieht das Pferd beidäugig; jedes einzelne Auge jedoch erfasst (wohl nicht ganz scharf) auch die jeweilige Seite bis zur Schweifrübe – also insgesamt fast ein Rundumblick! Hingegen ist der Raum über den Ohren für Pferde nicht sichtbar; sie müssen den Kopf heben, um nach oben zu schauen.

Nun „sieht" eigentlich nicht das Auge, sondern das Gehirn: Formen, Bewegung, Farbe, Gestalt werden in verschiedenen Hirnregionen verarbeitet und zu einem Gesamteindruck zusammengefügt, der nicht immer bewusst sein muss – manche Zielhandlungen sind auch ohne Bewusstsein möglich.

Wie viel dem Pferd bewusst ist, lässt sich bislang nicht sagen, aber ein Fall von 1907 wirft ein Licht darauf: Es gab mal einen Herrn Wilhelm von Osten, dessen Pferd, der „Kluge Hans", anscheinend kopfrechnen konnte – gab man ihm einfache Multiplikations- oder Divisionsaufgaben, dann scharrte er so häufig mit dem Huf, bis das richtige Ergebnis erreicht war, während sein Herr ihm „nicht das geringste Zeichen" gab, wie Augenzeugen berichteten. Erst eine genauere (allerdings methodisch sehr fragwürdige) Untersuchung kam zu dem Ergebnis, dass eine winzige unwillkürliche Entspannungsbewegung des Herrn von Osten von einem Fünftelmillimeter (!) ausreichte, um dem „Klugen Hans" zu signalisieren, dass er nun mit dem Hufklopfen aufhören konnte.

Pferde optisch zu täuschen wäre demnach äußerst schwer. Andererseits ist dem Pferd das Sehen vielleicht doch weniger wichtig als dem

■ Auch wenn das Pferd ein größeres Blickfeld als der Mensch hat, nimmt es seine Umgebung nicht so wahr, wie wir sie auf dem Bild sehen.
(Foto: Leitner)

■ Vor sich sieht das Pferd beidäugig und scharf; seitlich wird sein Blickfeld unscharf, ergibt aber fast einen Rundumblick – nur über den Augen und unterhalb der Nase sieht es nichts.
(Grafik: Jakob Werth und Dr. Wolfgang Reuber)

„Augentier" Mensch, denn ähnliche „Rechenleistungen", diesmal über Zahlenschreiben auf die Haut, gelangen angeblich auch bei dem blinden Hengst „Berto" (K. Krall 1913). Doch solch umstrittener „Beweise" bedarf es eigentlich gar nicht: Wie oft wird von unseren Vierbeinern ein Dreckhäufchen unterwegs zunächst für eine Kotmarke anderer Tiere gehalten und erst durch Beschnuppern als Verwechslung erkannt! Auch kommen sogar ganz blinde Pferde in vertrauter Umgebung erstaunlich gut zurecht.

Was hören wir – was hört ein Pferd?

Im Vergleich zu uns Menschen, die wir vom ersten Atemzug an unablässig schreien, brabbeln, reden oder andere Laute von uns geben, sind Pferde eher stille Wesen. Ihr akustisches Repertoire beschränkt sich auf Wiehern, Grummeln, Brüllen, Quietschen, Schnauben und Schnarchen, und auch das vernimmt man eher selten. Hingegen hören Pferde sehr gut, auch wenn ihr Trommelfell rund zehn Quadratmillimeter kleiner ist als das des Menschen. Verschiedene anatomische Besonderheiten im Bau des Pferdeohres unterstützen das Richtungshören und je 15 Bewegungsmuskeln erlauben dem Tier, seine Umgebung fortlaufend akustisch abzutasten, auch wenn es sich gerade anderen Beschäftigungen wie dem Fressen hingibt. An der Stellung der Ohren können wir jederzeit ablesen, wohin es gerade seine akustische Aufmerksamkeit lenkt.

■ (Foto: Slawik)

Was die verschiedenen Töne und Umgebungsgeräusche dem Pferd „sagen", ist schwer zu klären, aber gerade bei Freidressuren kann man belegen, dass Pferde individuell beim Namen angesprochen werden können und auch spezifische Kommandos speziell auf sich beziehen, während das Partnertier sich nicht angesprochen fühlt. Oft wird angenommen, dass dies ein Produkt der sogenannten klassischen Konditionierung ist. Sie ist ein Grundprinzip des Lernens, bei dem zwei zeitgleich auftretende Reize im Gedächtnis miteinander verkoppelt werden, wonach später der eine Reiz jeweils auch die Erinnerung an den anderen reaktiviert. Doch Konditionierung allein dürfte diese Fähigkeit kaum erklären, denn auch abstrakte Kommandos für zeitversetzte Aufgaben können stimmlich vermittelt werden („Abstand!"; „Ganze Bahn!"), ja, man kennt Talente, die auf Zuruf komplette Quadrillenprogramme frei absolvieren. Pferde müssten demnach auch die Bedeutung sprachlicher Zurufe interpretieren können, obgleich sie selbst keine spezifische Lautsprache ausgebildet haben, sondern mit Wiehern, Schnauben und Ähnlichem mehr ihren emotionalen Zustand mitteilen. Doch dies bleibt noch genauer zu untersuchen.

Pferde verstehen also eher unsere Sprache als wir die ihre! Ja, sie leisten sogar Übersetzungsarbeit, wenn sie beispielsweise „Steh!", „Halt!", „Brrr!" oder „Hoo!", also gänzlich verschiedene Laute, als Aufforderung zum Halten interpretieren und „Allez!" nicht mit dem fast gleich klingenden „Steh!" verwechseln. Selbst Computer-Spracherkennungsprogramme tun sich damit schwer! Nur mit dem Tonfall lässt sich diese feine Unterscheidung nicht erklären, denn wir Menschen treffen kaum zweimal genau denselben Ton, ja, es ist sogar recht schwer, als Dresseur konsequent immer die exakt gleichen Kommandos zu geben. Zudem sprechen wir während der Dressurarbeit zwischendurch auch mal mit Außenstehenden, wobei ähnliche Worte fallen, die das Tier aber nicht auf sich beziehen soll – und es in der Regel auch nicht tut.

Ob und wie Pferde auf Lärm und Musik reagieren, ist noch nicht genau erforscht. Militärs machten ihre Remonten durch Gewöhnung an Gewehrfeuer schussfest, und Zirkuspferde kümmern sich anscheinend wenig um die Begleitmusik. Andererseits glaubt man bei Dressurvorführungen Taktgefühl zu entdecken, wobei nicht feststeht, ob Reiter und Pferd es vorgeben, oder ob unsere Zuschauerwahrnehmung es hineinliest. In der Praxis gewinnt man den Eindruck, dass es individuelle Unterschiede gibt, und dass es auch beim selben Pferd von der Tagesform abhängt, wie es auf Geräusche oder Rhythmen reagiert.

■ (Foto: Stuewer)

Was spüren wir – was spürt ein Pferd?

Druck, Vibration, Temperatur, Schmerz, Jucken - Menschen und Pferde verfügen über die gleichen Haut- und Körpersinne. Wie sie allerdings empfunden werden, hängt von individuellen Anlagen und Erfahrungen ab.

Schläge und Verletzungen können zur Ausbildung eines Schmerzgedächtnisses führen, das hinfort schon bei geringfügigen Anlässen das volle Schmerzempfinden wachruft. Ob Schmerzen nur als örtliche Plage oder als allgemeines Leiden erlebt werden, hängt mit komplizierten Wahrnehmungsmechanismen im Gehirn zusammen, die teils im Laufe des Lebens entwickelt werden, teils angeborenes Naturell sind: Es gibt empfindlichere und unempfindlichere Individuen.

Zudem ist Schmerz nicht gleich Schmerz: Lokale Verletzungen sind klarer zu orten und verursachen meist weniger Leidensdruck als die „dumpfen“ Schmerzen, die von Krankheiten innerer Organe ausgehen (Kolik!). Dass ein Schmerz bei Ablenkung „vergessen“ scheint, bedeutet nicht, dass er nicht weiter besteht, sondern nur, dass ein anderer Reiz seine Wahrnehmung überlagert! Das kann sogar durch schmerzhafte „Gegenreize“ geschehen - der eine Schmerz stellt den anderen in den Schatten.

Man streitet noch darüber, ob Tiere auch ein Schmerzbewusstsein haben wie der Mensch, doch das kann schon deshalb nicht gesagt werden, weil noch niemand zeigen konnte, was „Bewusstsein“ eigentlich ist und wo es entsteht. Früher wurde sogar menschlichen Säuglingen ein Schmerzerleben abgesprochen, und man operierte sie ohne Betäubung – inzwischen geht man bei ihnen und auch bei Tieren von einem subjektiven Leiden an Schmerz aus, und die nötige Narkose sollte eine Selbstverständlichkeit sein.

Jucken ist erst unlängst als eigene Sinnesqualität erkannt worden (und nicht als „kleiner Schmerz", wie man zuvor dachte). Biologisch gesehen ist Jucken sinnvoll, weil Hygiene, Sauberkeit und Sensibilität sehr wichtig sind, um in freier Natur zu überleben: Parasiten müssen entfernt, Insektenstiche abgewehrt, Verletzungen versorgt und Kontakte gespürt werden.

Ein Juckreiz kann helfen, unwillkommene Berührungen von willkommenen zu unterscheiden. Leider gibt es auch krankhafte Ursachen für Jucken, beispielsweise das Sommerekzem. Hier kann der Juckreiz zu einer Plage werden, weil er die Aufmerksamkeit ständig beansprucht und wichtige andere Lebensfunktionen quälend übertönt. Dies spielt auch für die Arbeit mit dem

■ Gegenseitiges Beknabbern nennt man auch „soziale Fellpflege".
(Foto: Slawik)

■ Tasthaare sind äußerst sensibel und dürfen niemals abgeschnitten werden. (Foto: Leitner)

Pferd eine erhebliche Rolle, und es ist zu begrüßen, dass Pferdehalter sich heute viel einfallen lassen, um ihr Tier so gut wie möglich vor Juckreiz zu schützen.

Druck- und Vibrationssinn sind in der Reiterei und Bodenarbeit weit wichtiger als Hören und Sehen – man denke nur an Zäumung, Schenkeldruck und Touchieren! Die Druckwahrnehmung des Pferdes stumpft indes rasch ab, wenn der Reiz innerhalb von weniger als 30 Sekunden wiederholt wird (Kiley-Worthington 1987) – das vermeintlich „treibende" fortlaufende Schenkelklopfen oder Anstacheln verfehlt also seinen Zweck! Es gibt sehr kitzelige Pferde, die festeren Druck hinnehmen, leichte Berührungen hingegen meiden. Vom Vibrationssinn her ist das verständlich: Man muss nur die zuckende Hautmuskulatur des Pferdes beim Abwehren von Mücken und Fliegen betrachten, um die natürliche Funktion von Kitzeligkeit zu erahnen.

Auf die Orientierungsfunktion von Tasthaaren wurde schon im Abschnitt „Sehen" hingewiesen – bei Ratten fand man gar eigene Hirnrindenfelder für jedes einzelne dieser Härchen! Sie haben also eine große Bedeutung für das Tier, das ja auch erspüren muss, wie seine Nahrungsobjekte geformt sind, um sie zu sortieren und mit dem Maul richtig zu „erwischen" – sehen kann es sie beim Fressen nicht!

Der Temperatursinn hat für die praktische Arbeit insofern Bedeutung, als eine unaufgewärmte Muskulatur nicht ohne schädliche Folgen voll beansprucht werden kann. Wer das kalte Pferd in die Halle führt und ohne mehrere Schrittrunden sofort „loslegt", der erreicht keine gelöste Bewegung und sollte sich nicht wundern, wenn das Pferd unwillig reagiert!

Im Zusammenhang mit unangenehmen Reizen soll nicht unerwähnt bleiben, dass Lektionen, die unter Stress gelernt wurden, später ungern vollzogen werden, weil es im Gehirn ein eigenes, unlöschbares Stressgedächtnis gibt, das die Lebewesen vor einer Wiederholung schlechter Erfahrungen schützen soll („Gebranntes Kind scheut das Feuer"). Doch nicht jede Strapaze ist „Stress", sondern nur das, was nicht mit gesunden Mitteln bewältigt werden kann – Tier und Mensch müssen die Voraussetzungen für die geforderte Leistung haben, sonst geraten sie in eine Schieflage (Nothaushalt), und erst dies bedeutet echten Stress.

Was riechen wir – was riecht ein Pferd?

Die Bedeutung des Geruchssinnes für das Pferd wird von uns Menschen gern unterschätzt, weil wir uns darüber viel weniger Gedanken machen als über Sehen und Hören. Doch Riechen ist beispielsweise in Stresssituationen viel wichtiger als andere Sinneseindrücke, weil der Riechnerv im Gehirn unmittelbar den Mandelkern (Amygdala) erreicht, in dem Stressreize von harmlosen Reizen unterschieden werden – alle übrigen Sinne brauchen dazu erst einmal den Umweg über andere Hirnregionen.

Das ist zweckmäßig, denn schädliche Dämpfe und alarmierende Geruchssignale können den gesamten Organismus ultraschnell bedrohen. Außerdem wird über das Riechen verträgliche Nahrung von ungenießbaren oder giftigen Stoffen unterschieden. Der Geruchssinn spielt für alle Haussäugetiere die Hauptrolle.

Pferde schnuppern denn auch intensiv an allem Unbekannten und stoßen dazwischen den Atem aus, als ob sie die Nüstern reinigen und für weitere Eindrücke frei machen wollten. Stärkere und unvertraute Geruchsreize werden zudem durch das „Flehmen“ untersucht, bei dem die Oberlippe zurückgeworfen, der Kopf gehoben und heftig Luft angesaugt wird, die auf diese Weise das Vomeronasalorgan (Jacobson'sches Organ) am Boden der Nasenhöhle erreicht, über das vor allem fremdartige Düfte (sogar destilliertes Wasser!) und Pheromone unterschieden werden können. Letztere sind

■ (Foto: Leitner)

frei schwebende Hormontröpfchen, die als Signalträger zwischen Tieren dienen, indem sie Botschaften über Art, Gruppenzugehörigkeit, Geschlecht, Mutter-Kind-Bindung, Paarungsbereitschaft, aktuelle Befindlichkeit und anderes über weite Entfernungen hin vermitteln.

■ Die typische Kopfhaltung beim „Flehmen“. (Foto: Slawik)

Auch beim Menschen ist ein Vomeronasalorgan nachgewiesen worden, und auch wir schieben in heiklen Lagen (Ekel, Gefahr) die Oberlippe hoch und ziehen Luft ein. Inwieweit das aber unser Gesamtverhalten beeinflusst, ist noch unklar, zumal Pheromonsignale nicht bewusst wahrgenommen werden. Ein erst kürzlich entdeckter Nerv *(N. terminalis)* vermittelt ihre Botschaft ans Gehirn und dient dort wohl auch so subtilen Funktionen wie der individuellen Erkennung und dem synchronisierenden Verhalten von Paaren oder Gruppen.

Bei Pferden kann ein bestimmter Geruchsreiz ihren Zustand von einem Moment auf den anderen ändern – Paarungslust oder Rivalenkampf sind Beispiele dafür. Hengste markieren ihr Terrain mit Kot, den sie über den anderer Pferde setzen und so ihre Anwesenheit und Gebietskontrolle unterstreichen. Frei laufende Pferde wälzen sich mit Vorliebe an Stellen, die bereits von anderen besucht wurden, und nehmen so den Gruppenduft in ihr Fell auf. Nach längerer Abwesenheit begrüßen Hengste den Heimatort nicht zuerst durch Wiehern, sondern durch Duftmarken. Auch Stuten flehmen und sind misstrauisch gegen fremd riechende Eindringlinge. Bekanntschaften werden unter Pferden durch gegenseitiges Nüsternblasen und Fellbeschnuppern geschlossen (auch der Mensch kann sich durch sachtes Pusten einem fremden Pferd vertraut machen!).

Ja, sogar auf die Immunabwehr hat das Riechen Einfluss: Tiere (und vielleicht auch Menschen) erkennen unbewusst, ob das Gegenüber zur gleichen Immunklasse (MHC) gehört wie es selbst. Das hat zum Beispiel für den Fortpflanzungserfolg einige Bedeutung. Kranke Tiere und

■ Fremde Pferde lernen sich durch Beschnuppern kennen. (Foto: Slawik)

Menschen riechen zudem anders als gesunde; trainierte Hunde vermögen sogar Krebszellen zu erschnuppern.

Wie Hunde können Pferde eine Geruchsspur verfolgen, wobei man noch nicht weiß, wie sie die Richtung bestimmen. Freilandpferde riechen Wasser auf viele Kilometer, wie Beobachtungen an ausgewilderten Przewalsky-Pferden in der Mongolei zeigten.

Für die praktische Arbeit ist zu bedenken, dass „stressige" Geruchseindrücke sich mit bestimmten Übungslektionen verbinden können und ihnen damit einen unangenehmen Beigeschmack anheften, wonach das Pferd sie nicht mehr gern ausführt. Es ist deshalb sehr ratsam, das Spiel der Nüstern ebenso zu beachten, wie alle Pferdekenner das Spiel der Ohren berücksichtigen.

Die Bedeutung des Kauens

Wie alle Säugetiere hat auch das Pferd zur Steuerung seiner lebenserhaltenden Funktionen ein eigenes Körpersystem: das vegetative oder autonome (Nerven-)System. Es teilt sich grob in zwei gegensätzliche Aufgabenbereiche: Der eine Zweig hat eine aktivierende Funktion, die das Tier in die Lage versetzt, Leistung zu erbringen. Man nennt diesen Bereich „sympathisch“ (was nichts über die Attraktivität aussagt!). Der andere Zweig übernimmt die Kontrolle über die innere Erholung, über Wachstum, Verdauung und Ruhebedürfnis. Ihn nennt man „parasympathisch“.

Es liegt auf der Hand, dass man kaum zugleich aktiv und ruhend sein kann, und so kennt jeder Mensch beispielsweise das Trockenwerden des Mundes bei Anforderungen – die Verdauungsfunktionen rücken in den Hintergrund. Würde man in dieser Phase zur Nahrungsaufnahme gedrängt, bekäme man Verdauungsstörungen – die Blutreserven sind jetzt in der Muskulatur, im Herzen und im Gehirn, wo sie für Bewegungen und Reaktionen gebraucht werden, nicht in Magen oder Darm. Umgekehrt in der „parasympathischen“ Phase: Voller Bauch schafft nicht gern. Denn jetzt eilt das Blut in die Verdauungsorgane und fehlt der Muskulatur.

■ Ein zufrieden kauendes Pferd fühlt sich wohl. (Foto: Leitner)

Kaut ein Pferd also nicht nur auf dem Gebiss herum, sondern soll dargereichtes Leckerfutter mitten in der Aktivität aufnehmen, so kann es dieses gar nicht recht brauchen – attraktiv ist dann eigentlich nur der süße Geschmacksreiz, denn der aktive Organismus verlangt nach Zucker als Brennstoff, ohne ihn jedoch in dieser Phase aufschließen zu können. Denn im „Schäumen“ bei Aktivität wird über den Sympathikus eine andere Speichelzusammensetzung produziert als beim parasympathisch gesteuerten Kauen und Schlucken von Nahrung. Deshalb ist es besser, die Leckerlis nach getaner Arbeit zu geben, wenn unser Pferd sich auf Ruhe, Erholung und Erfrischung einstellen darf.

Während der gezäumten Arbeit weist ein Kauen am Gebiss (Trense, Kandare oder sogar gebisslose Zäumung) darauf hin, dass das Pferd zufrieden ist. Verspannte, unsichere oder überforderte Pferde kauen nicht; man sieht bei ihnen eine trockene, oft sogar halb geöffnete Maulspalte, die den Eindruck macht, als sperre sie sich gegen die Behandlung durch den Reiter. Aber auch das Umgekehrte gibt es: Das allzu frei gelassene Pferd „angelt“ vergeblich mit dem Kopf nach einer Verbindung zur Reiterhand – es sucht „Anlehnung“, wie es im Fachjargon heißt. Ist die Reiterhand hingegen weich und sensibel, ohne die Verbindung zum Pferdemaul zu verlieren, dann setzt nach kurzer Dauer ein schäumender Speichelfluss ein, der dem Reiter zeigt, dass man sich nun einig ist.

Die Grundlektionen

Wollen Pferde Zirkuslektionen lernen? Eine ungewöhnliche Frage – üblicherweise richten wir uns ja mehr nach eigenen Wünschen als nach denen unserer Pferde: Wenn wir ihnen Zirkuskunststücke beibringen wollen, dann sollen sie mitmachen.

Doch warum sollten sie?

Nun, tatsächlich tun es die meisten gern! Denn grundsätzlich spüren Pferde einen Drang, sich zu bewegen. Sie brauchen Beschäftigung, weil selbst der Koppelgang nicht die Vielfalt der Anregungen ersetzt, die Tiere in freier Wildbahn erleben. Pferde sind von Natur aus neugierig und zeigen in Spielen untereinander, dass sie Erlebnisvielfalt suchen. Das gilt nach meiner Erfahrung für alle Altersstufen; am ausgeprägtesten wohl beim ganz jungen Pferd, aber von der Lernfähigkeit her bis zum Hochbetagten – das älteste Pferd, dem ich noch Lektionen beibringen konnte, war 27 Jahre alt!

Junge Pferde lernen nicht leichter als ältere, wohl aber schneller – ein erfahrenes Tier, das schon allerhand erlebt hat, übernimmt nicht gleich alles, was wir ihm anbieten.

Ich habe mit unterschiedlichsten Pferderassen zirzensisch gearbeitet und kann nicht sagen, dass eine Rasse dafür geeigneter wäre als andere – vom kleinsten Pony bis zum schweren Kaltblut war es im Wesentlichen gleich. Entscheidender ist die Motivation, etwas tun zu wollen, die man dann behutsam in entsprechende Bahnen lenken kann.

■ Das Pferd in dieser Piaffe ist 25 Jahre alt!
(Foto: Slawik)

Rekonvaleszenz

Zirkuslektionen stellen an die Konstitution des Pferdes keine extremen Anforderungen - es genügt, dass es gesund und in seinen Bewegungsmöglichkeiten nicht behindert ist. Man kann zirzensische Lektionen jedoch auch gezielt zur Gymnastizierung und sogar zur Rehabilitation nach Krankheiten oder Verletzungen einsetzen; dazu braucht es aber unbedingt die Einschätzung eines hierin erfahrenen Tierarztes, denn nicht alle Übungen eignen sich für alles! Natürlich wird man viel bessere Ergebnisse bekommen, wenn das Pferd solche Lektionen schon vorher konnte, als wenn man sie einem Neuling in geschwächtem Zustand beibringen muss, doch wer sich hier sachkundig anleiten lässt, der kann damit auch in der Rekonvaleszenz überraschend gute Ergebnisse erwirken. ■

Der Abwechslungsreichtum von Zirkuslektionen trainiert nicht nur Muskeln, Gelenke und Bänder, sondern vor allem auch das Gehirn: In den vergangenen Jahren wurde bekannt, dass das zentrale Nervensystem (ZNS) sich in Reaktion auf äußeren Wandel unablässig verändert - sogar noch im Alter. Und so erklärt sich auch, dass man das Gehirn herausfordern muss, wenn es fit bleiben soll.

Unsere übliche Boxenhaltung gleicht in seiner Monotonie ja eher einem Gefängnis als einer Luxusherberge, und umso mehr Anregungen müssen wir dem Tier bieten, wenn es nicht abstumpfen soll. Andererseits verschwendet die lebendige Natur keine Energie - es muss sich schon lohnen, Kraft zu investieren. Und so schaltet der Energieverbraucher Gehirn (bis 20 Prozent der körperlichen Gesamtenergie!) auf Sparflamme, wenn sich nichts tut - wir bekommen ein stumpfsinniges Lebewesen. Vom zentralen Nervensystem aber werden sämtliche Bewegungen gesteuert - es nutzt also wenig, die Muskeln zu üben, wenn die Wahrnehmung dahindämmert, wie es beispielsweise in der Führmaschine geschieht; ein lebhaftes und interessiertes Pferd bekommen wir dadurch nicht! Deshalb eignen sich zirzensische Lektionen in ihrer Vielfalt besser für eine umfassende Fitness als schematisches Einerlei.

Man hat an vielen Tieren inzwischen beobachtet und nachgewiesen, dass eine vielgestaltige Umwelt (Fachausdruck: „enriched environment“) Individualität und Gesundheit fördert. Doch dabei muss man artgemäße Eigentümlichkeiten berücksichtigen - manche Tierarten sind konservativer, manche neugieriger. Pferde nehmen Neues gern auf, doch nicht an Plätzen, die sie für Gewohntes reserviert haben - sie fühlen sich dann in ihrer Sicherheit bedroht. Deshalb sollte man Lektionen nicht in der Box, im Stallgang oder auf der Koppel trainieren wollen, sondern in der Manege oder Reitbahn oder einem anderen speziellen Ort.

Trainingsvoraussetzungen

Geeignete Übungsorte sind, wie bereits gesagt, ein Reitplatz oder Longierzirkel. Dort brauchen wir unbedingt einen weichen, aber rutschfesten Boden. Ein harter oder mit Steinchen durchsetzter Untergrund wird dem Pferd beim Knien oder Hinlegen Schmerzen bereiten. Zur Orientierung sollte eine Bande oder Umzäunung vorhanden sein.

Klugerweise wird man mit dem Training nicht unmittelbar vor der üblichen Futterzeit beginnen oder es noch nach einer erschöpfenden Arbeit anhängen wollen, ebenso wie man es nicht direkt aus der Sonnenglut sommerlichen Koppelgangs oder kalt aus der Box angeht - einige geführte Schrittrunden sollten jeder Trainingseinheit vorangehen, und wir planen die Übungsstunde zu einer Zeit, in der unser Pferd erfahrungsgemäß wach und interessiert ist.

An Utensilien ist zunächst nur ein normaler Zaum (Wassertrense, einfach oder doppelt gebrochen) erforderlich. Will man mit Leckerlis arbeiten, dann stören Nasen- und Sperrriemen. Geeignet sind auch Knotenhalfter oder Bosal; nicht geeignet sind jedoch Stallhalfter: Gibt es einmal Probleme, dann sind Pferde damit äußerst schwer in den Griff zu bekommen - das Stallhalfter heißt so, weil es für den Stall gedacht ist. Weiterhin brauchen wir eine halb feste Gerte und eine Fußlonge - Fußlongen sind vier Meter lang und haben eine Endschlaufe.

Wenn man das Podeststeigen üben möchte (das Pferd tritt mit beiden Vorderbeinen auf ein Podest), ist es sehr wichtig, ein stabiles Podest

■ Trense, Knotenhalfter und Bosal: Diese Zäumungen sind für das Üben von Zirkuslektionen geeignet. (Fotos: Leitner)

zu verwenden. Bedenken Sie: Der durchschnittliche Warmblüter wiegt um die 600 Kilogramm, und ein Kaltblüter erreicht leicht 800 Kilogramm. Wenn nun ein solches Pferd dann noch etwas Schwung entwickelt, muss das Podest sogar mehr als das reine Körpergewicht aushalten.

Zusätzlich ist auf eine große Standfläche zu achten, damit es auf keinen Fall kippen kann. Im Zirkus sieht man oft runde Podeste, die an den Seiten offen sind; so etwas ist für das Training jedoch nicht geeignet, da die Pferde leicht daruntertreten und sich dabei verletzen können. Deshalb bevorzuge ich ein rundum geschlossenes Podest, damit es auf keinen Fall zu Verletzungen kommt. Nach einer schlechten Erfahrung hat das Pferd sicher keine Lust mehr auf diese Übung, die an sich sehr einfach ist.

Die Übungszeit sollte keine volle Stunde betragen. Nach meiner Erfahrung steht für konzentrierte Arbeit eine Aufmerksamkeitsspanne von etwa 20 Minuten zur Verfügung!

Es bringt nichts, darüber hinaus „pauken“ zu wollen; im Gegenteil, das Tier wird dann immer widerwilliger, und auch der Mensch braucht nach solchen Intervallen eine Entspannungspause, sonst werden seine Kommandos fahrig und erzwungen, was sich auf das Pferd überträgt.

In meinen Kursen nutze ich diese 20 Minuten am besten, indem ich in Gruppen von bis zu sechs Teilnehmerpaaren trainiere, die abwechselnd an der Reihe sind, während die anderen das Gelernte in sich nachwirken lassen. Für Pferde (wie für lernende Menschen) ist es ohnehin die stärkste Belohnung, dass man die Übung beendet! Davor sollte jedoch immer ein – wenn auch minimaler – Erfolg stehen: Wenn wir das Training so anlegen, dass es in kleinen Schritten vorangeht, dann müssen wir nicht verbissen um sofortiges Gelingen des Ganzen kämpfen, sondern loben jeden erreichten Zwischenschritt, der uns später weiterführt.

■ Podeststeigen erlernen die meisten Pferde schnell. Wichtig ist ein sicheres, standfestes Podest. (Foto: Slawik)

Als Lob eignet sich alles, was unser Pferd gern hat - das kann die Stimme sein oder das Streicheln an beliebter Stelle; gegebenenfalls auch mal ein Leckerbissen, was allerdings nicht unproblematisch ist - allzuleicht bekommen wir damit einen „Automaten“: Leckerli gegeben - Lektion geliefert, Leckerli verweigert - Streik (oder sogar Bisse und Tritte!). Zudem zäumen wir unsere Pferde zur Trainingsarbeit in der Regel mit normalem Gebiss, was ihnen das Futterkauen erschwert. Doch kleine Bruchstücke einer Mohrrübe können für besondere Leistungen schon mal gegeben werden - die machen auch nicht dick.

Wie lernt das Pferd am besten?

Man sollte sich in der Dressur erreichbare Zwischenziele setzen und diese dann vollständig anstreben - „ein bisschen dahin, ein bisschen dorthin“ bewirkt nur Konfusion.

Besser ist es, in kleinen, aber klaren Schritten kurz zu trainieren, damit durchzudringen, dann sofort zu loben und anschließend größere Pausen zu machen.

Niemand sollte versuchen, mit dem Pferd zu „diskutieren“ - in der Herde wird auch nicht diskutiert! Wenn das Pferd hingegen anerkennt, dass der Mensch die Führungsposition hat, dann kann und sollte man unbegrenzt freundlich zu ihm sein. Aber nur dann! Ein Pferd vertraut sich nur dem an, der ihm klare Vorgaben macht.

Ist eine Lektion in ihren Grundstrukturen erlernt, lohnt es sich, zwischen die Übungswiederholungen größere Abstände einzustreuen - das Können verfestigt sich in dieser Zeit. Es ist falsch, zu schnell vorangehen zu wollen. Das wird jeder erfahrene Pferdetrainer bestätigen und in der Hirnforschung gibt es heute erste Einsichten in den Mechanismus, der dahintersteckt: Es scheint, als spiele sich das Lernen in verschiedenen, einander nachgeordneten Etappen ab - eine Art erster Zwischenspeicher behält die neue Lektion, um sie später in einen Dauerspeicher zu überführen, wodurch der Eingangsbereich wieder aufnahmefähig wird. Deshalb ist es unsinnig, in diesen beim ersten Mal zu viel hineinstopfen zu wollen. Das kann nur dazu führen, dass eben Gelerntes durch das nachdrängende Neue wieder hinausbefördert wird und verloren geht. Auch mit Druck lässt sich nicht mehr hineinpressen, als der Speicher fassen kann. Unter Druck oder Stress gehen die Informationen außerdem ganz andere Wege - sie landen in einem speziellen Stressgedächtnis, das zwar unlöschbar ist, das aber das Gelernte mit unangenehmen Gefühlen verknüpft, weshalb man sehr ungern daran erinnert wird - was unserem Lernziel ja gänzlich widerspricht.

Die Pausen geben dem Tier Gelegenheit, sich davon zu überzeugen, dass ihm durch die Zirkuslektionen nichts Schlimmes droht. Das Fluchttier Pferd fürchtet sich vor allem Neuen, ihm muss stets durch klare, durchschaubare Anleitung die Angst genommen werden. Nur dann kann es sich willig auf neue Dinge einlassen. Treiben wir es mit Zwang und Zudringlichkeit in Kunststücke hinein, haben wir bald das sprichwörtliche „Dressurpferd": hoch veranlagt, fünfjährig schon S-Dressur gegangen, aber sechsjährig nur noch „auf den Hinterbeinen"! Sein Trainer muss dabei nicht schlecht geritten sein, sondern wollte eben nur zu viel Wissen zu schnell in das Pferd pressen.

Es ist mir dutzendfach begegnet, dass mir ein Pferd, dem man seinerzeit partout und erfolglos das Hinlegen beibringen wollte, nach einigen Wochen Pause „entgegengefallen" ist - es hatte Zeit, sich zu vergewissern, dass daran nichts Gefährliches ist!

Anstatt die beargwöhnte Neuerung durch dauerndes „Wiederkäuen" unablässig zu reaktivieren, sollte man in dieser Konsolidierungsphase leichte und vertraute Dinge mit dem Pferd tun - das festigt die Erwartung, dass auch das Neue vertraut werden kann.

Wie oft wiederholen?

Menschen mögen es spaßig finden, ein Kunststück mehrfach hintereinander zu wiederholen, das Pferd hat daran keine Freude. Im Gegenteil: Die beste Belohnung nach erfolgreicher Lektion ist das Aufhören! Hat das Pferd einmal nachgegeben, gibt es keinen Grund, es noch einmal zu verlangen! Mehr als nachgeben kann es ja nicht. Einmalige Wiederholung der Übung reicht, um zu bestätigen, dass ihr Gelingen kein Zufall war, alles darüber hinaus erzeugt nur Verdrossenheit und verringert die Motivation. ■

■ Laufen, raufen, fressen: Tägliche Erholungspausen auf der Weide sind wichtig im Training. (Foto: Slawik)

Hat man vor, später irgendwo aufzutreten, ist es nützlich, die Lektionen nach ihrer Verfestigung unter äußerlich wechselnden Bedingungen zu üben.

Denn Tier und Mensch bringen Gelerntes in Zusammenhang mit den seinerzeit herrschenden Umständen und tun sich unterschiedlich schwer damit, es auch in anderem Rahmen abzurufen. „Zuhause hat jeder ein gutes Pferd" – und wenn es dann woanders nicht klappt, so ist das der „Vorführeffekt". Hier hilft dann nur, die Aufmerksamkeit des Pferdes so auf den Trainer zu begrenzen, dass dieses Paar ein „mobiles Zuhause" bildet, in dem sich das Pferd auch in fremder Umgebung sicher fühlt. Kommt das nicht zustande, werden der Stress und damit der Fluchtimpuls übermächtig.

Es muss freilich nicht ein und derselbe Trainer sein, denn Pferde sind selten so personenbezogen, dass nicht auch eine andere Person an deren Stelle treten könnte, sofern sie nur das Gewohnte fortsetzt. Gleichwohl können sie Individuen eindeutig unterscheiden: Pferde machen mit jedem Menschen, mit dem sie es zu tun bekommen, eine Art „Dienstvertrag" – sind die betreffenden Personen von gleicher Autorität, wäre jeder Vertrag gleich, sind sie jedoch unterschiedlich ernst zu nehmen, dann fallen auch die Verträge unterschiedlich aus. Darum ist es nicht sinnvoll, sich ein Pferd hochtrainieren zu lassen, ohne selber entsprechend hochtrainiert zu sein. In Seminaren für Zirkuslektionen arbeite ich somit letztlich zu 90 Prozent am Menschen und zu 10 Prozent an dem Pferd. Das Pferd kann die geforderten Bewegungen im Grunde schon, weil wir sie aus seinem natürlichen Repertoire ableiten, während der Mensch sich in eine andere Art hineindenken muss. Er muss lernen, dass Konsequenz dem Pferd gegenüber ein „nettes" Verhalten ist, weil er ihm dadurch ständige Korrekturen erspart! Ist er hingegen vordergründig „lieb", indem er Schlampereien durchgehen lässt, macht er ihm später durch andauernde Zurechtweisungen das Leben sauer.

Und Pferde merken sich fast alles: Immer wieder begegne ich einem Tier, das früher Zirkuslektionen bei mir gelernt hat, dann weiterverkauft wurde, ohne dass der neue Besitzer davon wusste, und das beim Klang meiner Stimme sofort seine alten Fähigkeiten reaktiviert. Ebenso merkt es sich aber auch eine falsche Behandlung und sperrt sich dagegen, bis man es richtig macht, indem man sich mit seiner Art der Wahrnehmung auseinandersetzt und deren Gesetzlichkeiten berücksichtigt.

Stehenbleiben und Rückwärtsrichten

Von Anfang an ist es von großer Bedeutung, dass die Aufmerksamkeit des Pferdes bei uns bleibt. Mindestens ein Ohr soll während der Arbeit auf den Trainer gerichtet sein – sind es beide, umso besser. Zwar gibt es während eines Kurses, bei dem viele fremde Tiere einander begegnen, viele Ablenkungen, doch gerade dann kommt es darauf an, sich gegenüber seinem Pferd die nötige Achtung zu verschaffen.

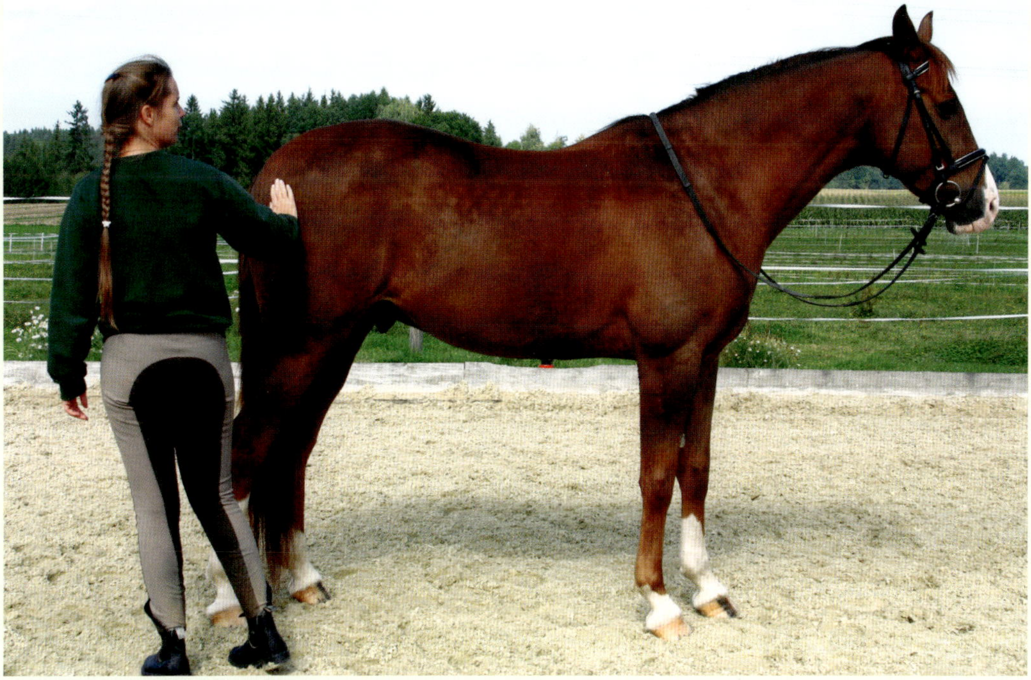

■ Dieses Pferd ist ganz auf seine Trainerin konzentriert. (Foto: Leitner)

Deshalb beginnen wir mit Übungen, in denen die Weisungsverhältnisse eindeutig festgelegt werden. In der Herde gilt eine Rangordnung, der sich alle einzufügen lernen. Wollen wir Pferden irgendetwas beibringen, dann müssen wir für sie gewissermaßen zum „Leittier" werden. Damit stressen wir sie übrigens weit weniger, als mancher Pferdefreund vielleicht denkt. Unterordnungsdruck gehört für Pferde zum Alltagsgeschäft, und wir Menschen agieren meist viel harmloser, als eine Leitstute oder ein dominanter Hengst es tun würde. Ebenso gehört es zur Pferde-Art, dass sie versuchen werden, sich über uns zu stellen - das muss man sich nur nicht bieten lassen! Denn Pferde kennen in der Frage von Rangordnung keine Romantik - jedes strebt nach der aktuell höchstmöglichen Position.

Zunächst soll unser Pferd ruhig auf allen vier Beinen stehen und uns durch sein Ohrenspiel anzeigen, dass seine Achtsamkeit uns auch dann noch gilt, wenn wir langsam um es herumgehen.

Dabei werden die Zügel einfach auf den Hals gelegt, und das Pferd bleibt frei stehen. Bewegt es sich nun ohne unsere Aufforderung, wird es konsequent und ruhig wieder an seinen Platz zurückgestellt.

Bemerken wir, dass seine Aufmerksamkeit abschweift oder es in Entspannungshaltung vor

■ Rückwärtsrichten sieht einfach aus, ist für das Pferd aber anstrengend. (Foto: Slawik)

sich hin döst, dann müssen wir den Druck erhöhen. Manchmal genügen schon Schnalzen oder Gesten, um das Pferd wieder „aufzuwecken“, doch oft braucht es dafür gezielte Dominanzübungen wie das Rückwärtsrichten.

Zum Rückwärtsrichten stellen wir uns seitlich hinter die Schulter des Pferdes und bringen es durch leichte Zügelparaden dazu, sich rückwärtszubewegen.

Die seitliche Position ergibt sich aus dem Fernziel, die zirzensischen Lektionen später vom Sattel aus vorzuführen, und dabei befindet sich der Reiter eben hinter der Schulter des Pferdes. Tiere ritualisieren alles, was man ihnen beibringt, deshalb sollte man von vorneherein immer gleiche Signale für gleiche Aufgaben geben. Wir legen damit die Lektion so an, dass wir bei anderer Gelegenheit wieder darauf zurückgreifen können.

Das Pferd soll sich auch nach hinten in gerader Linie bewegen. Ist das in der Bahnmitte nicht zu erreichen, nutzen wir die Bande als Hilfsschiene und entfernen uns davon schrittweise, bis es an jedem beliebigen Platz klappt.

Die Wichtigkeit dieser ersten Aufmerksamkeitsübungen für den gesamten späteren Erfolg kann gar nicht genug betont werden! So simpel, wie es scheint, dass ein Pferd einfach ruhig und unabgelenkt dastehen soll, so unerlässlich ist es für alle folgenden Lektionen.

Ohne Konzentration kommen wir nie dazu, die gewünschten Lektionen dann abrufen zu können, wenn es gefordert ist.

Manch einer wird konzentriertes ruhiges Stehen nicht als „Lektionserfolg" empfinden und darauf drängen, gleich mehr zu erreichen. Deshalb sollte gesagt werden, was wir damit vorhaben: Die erste echte Zirkuslektion, die wir angehen, ist das sogenannte „Kompliment" – das Pferd streckt ein Vorderbein vor und beugt das andere im Karpalgelenk, bis es den Boden berührt, sodass das Ganze einem Knicks ähnelt. Damit unser Neuling das nicht als Gefahr empfindet und die Flucht ergreift, müssen wir sein Vertrauen haben, müssen mit ihm in aufmerksamer Korrespondenz stehen. Nur dann können wir ihm zeigen, dass diese Übung ungefährlich ist und sogar Spaß macht, weil sie natürlichen Dehnungsbewegungen entspricht, die man spielerisch auch in freier Natur beobachtet. Und eben dafür brauchen wir die ungeteilte Aufmerksamkeit unseres Pferdes – erreichen wir sie, dann ist dies schon ein großer Erfolg, den wir gebührend loben!

Beineaufheben

Steht das Pferd aufmerksam und ruhig, tippen wir nacheinander alle vier Beine mit unserer Fußspitze im Kronsaumbereich an, bis es sie kurz aufhebt. Anfangs loben wir jede kleine Reaktion. Die meisten Pferde haben das Aufheben längst für das Hufesäubern und Beschlagen gelernt, doch wir wollen hier, dass es schon auf leichte Berührung reagiert, weil wir das für die kommenden Übungen brauchen. Mit der Zeit ersetzen wir dann unser Fußtippen durch ein leichtes Touchieren mit der Gerte an gleicher Stelle.

Und damit genug für heute. Alle Lektionen verfestigen sich erfahrungsgemäß über Nacht – man sieht regelmäßig, wie sie am Folgetag schon viel leichter von der Hand gehen als am Vortag. Anscheinend konsolidieren sich neue Erfahrungen nicht nur beim Menschen, sondern auch beim Pferd im Schlaf. Man sollte deshalb dem Vierbeiner nach getaner Arbeit die verdiente Ruhe gönnen und ihn nicht noch reiten oder andere Anforderungen an ihn stellen – das kann nur verwischen, was sich gerade erst einprägt.

■ Willig hebt das Pferd auf leichtes Touchieren ein Vorderbein.
(Foto: Slawik)

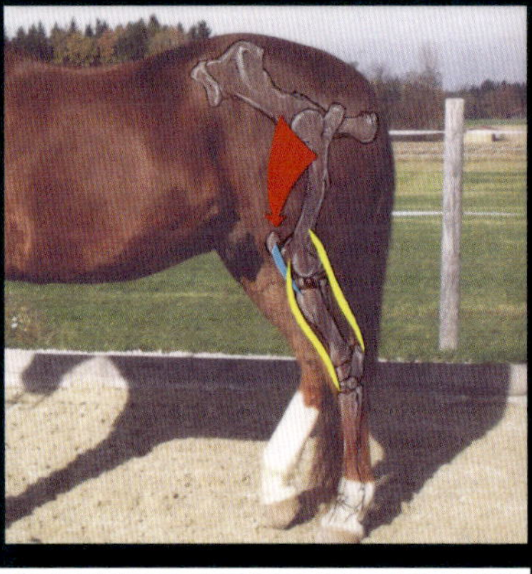

Die Biomechanik der Grundlektionen

Stehen und Entspannungshaltung

Pferde können, im Gegensatz etwa zu Hunden oder Katzen, sehr lange stehen und sich dabei sogar erholen. Doch warum ist das so?

Anders als das Vorderbein ist das Hinterbein nicht säulenförmig aufgebaut, sondern gewinkelt. Die größten Winkel befinden sich zwischen Ober- und Unterschenkel (mit dem Kniegelenk als Verbindung) und zwischen dem Unterschenkel und dem Röhrbein (mit dem Sprunggelenk als Verbindung). Knie- und Sprunggelenk sind über Muskeln so miteinander gekoppelt, dass sie nur gemeinsam gebeugt oder gestreckt werden können (eine sogenannte „Spannsägenkonstruktion“, weil es einer historischen Zimmermannssäge ähnelt). Hund und Katze müssen ständig aktiv ihre Muskeln bemühen, um diese Winkel halten zu können, weshalb diese Tiere nie sehr lange stehen, sondern sich setzen oder hinlegen.

Anders beim Pferd: Hier sind die beiden wichtigsten Muskeln dieser Spannsägenkonstruktion *(M. fibularis tertius und M. flexor digitalis superficialis)* sehnig ausgebildet, sodass sich die beiden Gelenke nicht unabhängig voneinander bewegen können. Wird nun das Kniegelenk blockiert, dann kann sich auch das Sprunggelenk nicht mehr beugen. Diese Möglichkeit nutzt das Pferd: Es kann seine Kniescheibe mithilfe von Bändern (inneres und mittleres gerades Kniescheibenband) an einem Knochenvorsprung am inneren Rollkamm des Oberschenkels einhaken und damit fixieren.

Dadurch ist das Hinterbein derart stabilisiert, dass das Pferd kaum noch Muskelkraft benötigt, um sein Gewicht zu tragen. Das andere Bein ruht dann in entspannter, gebeugter Haltung, ohne Last aufzunehmen. Diese Entspannungshaltung ist nur bei einem fixierten und einem entlasteten Hinterbein möglich; eine gleichzeitige Fixierung beider Hinterbeine ist nicht möglich. Belastet ein Pferd also beide Hinterbeine („aktives Stehen“), benötigt es dazu auch aktive Muskelarbeit.

■ Dank einer besonderen anatomischen Konstruktion kann das Pferd sich auch im Stehen erholen. (Foto: Leitner, Grafik: Dr. Wolfgang Reuber)

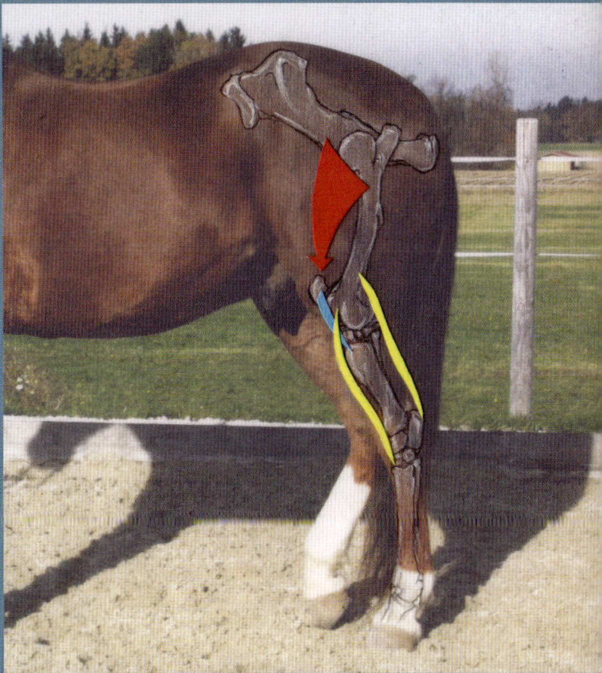

■ Die Fußfolge beim Rückwärtsrichten entspricht der diagonalen Fußfolge im Trab. (Fotos: Slawik)

Das Rückwärtsrichten

Das Rückwärtsrichten hört sich einfacher an, als es tatsächlich ist. Wann gehen Pferde oder auch andere Tiere rückwärts? Die Antwort lautet: nur wenn sie keine Möglichkeit haben, sich umzudrehen. Also ist es schon relativ viel verlangt, wenn ein Pferd in einer großen Halle oder auf einem Platz rückwärtsgehen soll, wo doch genügend Raum für eine Wende wäre. Man muss es dem Pferd also gut „erklären", damit es willig und vor allem gerade rückwärtsgeht. Nun ist es aber für das Pferd nicht nur schwierig zu verstehen, dass es rückwärtsgehen soll, sondern auch körperlich anstrengend. Für den Rückwärtsgang verbraucht es fast dreimal so viele Kalorien wie für den Vorwärtsgang. Woran liegt das? Vierbeiner sind für den Vorwärtsgang konstruiert. Ihr Schwerpunkt liegt relativ weit vorn (beim Pferd in Ruhe ungefähr auf Höhe der Gurtlage) und muss dann nach hinten geschoben werden. Dazu nimmt das Pferd in der Regel seinen Kopf nach oben. Der Antrieb muss nun von der Vorderhand ausgehen, die dafür aber nicht gebaut ist. Ihre Muskulatur hat hauptsächlich Stütz- und keine Antriebsfunktion, erst recht nicht nach hinten. Auch ihre rein muskulöse Verbindung mit dem Rumpf

erschwert die Kraftübertragung. Hinzu kommt, dass die starre Verbindung der Hinterhand mit dem Rumpf eine geschmeidige Rückwärtsbewegung ebenso behindert wie die relativ starre Lendenpartie des Pferdes.

Die Fußfolge ist interessanterweise nicht die umgekehrte wie beim Schritt, sondern wie beim Trab, nur ohne Schwebephase. Das heißt, dass immer das diagonale Beinpaar gleichzeitig abfußt beziehungsweise aufsetzt.

Wir sehen also, dass das Pferd große Anstrengungen auf sich nimmt, wenn wir es rückwärtstreten lassen. Das würde es für ein rangniederes Gruppenmitglied sicherlich nicht so leicht tun. Dass das Rückwärtsgehen Pferden nicht behagt, eröffnet dem Dresseur indes die Möglichkeit, es als Disziplinierungsübung einzusetzen, wenn sich das Tier respektlos benimmt – die Weisungsverhältnisse werden klar gemacht, weil das Pferd es in aller Regel vermeiden wird, noch einmal in den anstrengenden Rückwärtsgang zu müssen. Freilich darf diese Korrektur nicht strafend und mit riegelnden Paraden am Gebiss eingesetzt werden. Strafe prägt sich ins Stressgedächtnis ein, woraufhin jedes spätere Rückwärtsrichten als Stress empfunden und lebenslang abgewehrt würde. Stattdessen richtet man das Pferd ruhig, aber bestimmt mit deutlichen Gesten und Stimme zurück.

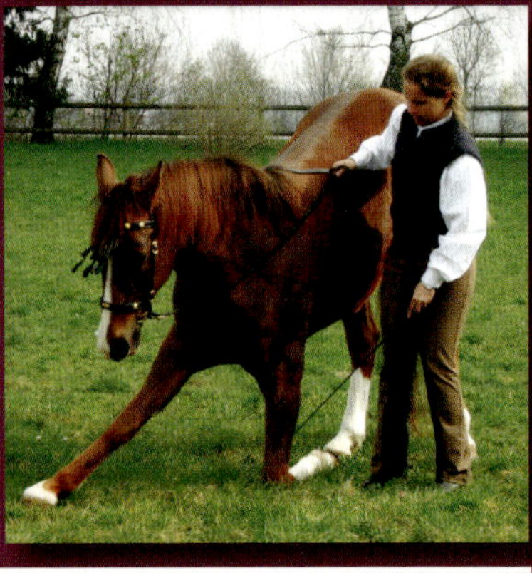

Das Kompliment

Wissenswertes

Der Knicks mit einem Vorderbein, das sogenannte „Kompliment", ist die logische Weiterführung unserer Grundlektionen Stehen, Rückwärtsrichten, Füßeheben. Wir beginnen mit dieser Lektion, weil sie dem Pferd später, wenn es erst einmal das Hinlegen gelernt hat, nur noch schwer beizubringen wäre. Nach langjähriger Arbeit mit sehr vielen Pferden kenne ich kaum eines, das das Kompliment nicht gelernt hätte. Probleme gab es allenfalls mit Tieren, die sehr viel Negatives erlebt hatten: In solch seltenen Fällen kam es vor, dass ich einmal ein Pferd ohne das Kompliment aus dem Wochenendkurs nach Hause geschickt habe; doch nach längerer geduldiger Arbeit wäre es wohl auch jenen beizubringen gewesen.

Man geht prinzipiell so vor, dass man die Lektion erst auf einer Seite, dann auf der anderen Seite einübt; aus beiden Komplimenten wird später das Knien, aus dem Knien das Liegen. So bleibt der Unterschied zwischen den einzelnen Lektionen immer deutlich. Mit welcher Seite wir beginnen, ist nicht belangvoll, doch ich konzentriere mich stets erst auf eine Seite und lerne dann die zweite Seite hinzu. Indes sollte man wissen, dass man in gewisser Weise zwei Pferde erwirbt, wenn man eines kauft: ein linkes und ein rechtes! Denn das Pferd kann den Übertra-

■ In der Natur gibt es nur Andeutungen eines einseitigen Kniens. Aus diesem Bewegungsmuster hat sich das „Kompliment" entwickelt. (Foto oben: Miček; unten: Slawik)

gungsgedanken „Aha, das ist jetzt dasselbe, bloß auf der Gegenseite" so nicht denken – beherrscht es das Kompliment (oder jede andere Lektion) auf der einen Seite, so beginnt meistens auf der anderen alles von vorn. Zwar geht es dann in der Regel ein wenig schneller, aber nur deshalb, weil der Trainer mit den wichtigen Punkten gezielter umzugehen weiß.

Dass es nicht ohne Weiteres gelingt, Erfahrungen einer Seite auf die andere zu übertragen, sollte uns nicht allzu sehr überraschen. Wir müssen ja nur als Rechtshänder versuchen, mit der linken Hand zu schreiben, um zu erleben, wie schwer so etwas fällt – obgleich uns doch das Schreiben eine längst eingeübte Gewohnheit ist! Unser Gehirn, und auch das der meisten Haussäugetiere, trennt Links und Rechts in vielen Funktionen und verfügt nur über begrenzte Kanäle für den Austausch beider Seiten. Zwar gibt es Brücken zwischen den Hirnhälften, und auch im Hirnstamm sind sie zusammengeschlossen, doch die Nervenbahnen folgen Vorzugsrichtungen, und es braucht spezielle Wege, um Linkshirn und Rechtshirn miteinander in Verbindung zu bringen.

Hat ein Pferd beim Lernen des ersten Kompliments Schwierigkeiten gehabt, rechnen Sie auch auf der anderen Seite mit Problemen. Doch es kann auch geschehen, dass ein Pferd das Kompliment links leicht gelernt hat, rechts damit aber nicht zurechtkommt – dann hilft nur Geduld (denken Sie noch einmal an das Schreiben mit der „falschen" Hand!).

Das Kompliment gehört zu den Übungen aus der Defensive und fordert dem Tier Unterordnung ab. Deshalb dürfen wir den Bogen nicht überspannen und nicht zu viel an Nachgeben verlangen, indem wir beide Seiten gleichzeitig einüben!

Ist jedoch eine Seite stabilisiert, sollten Sie unbedingt auch die andere trainieren, schon um gymnastisch ein gut balanciertes Bewegungsspektrum zu erhalten.

Leckerchen als „Helfer"?

In der praktischen Durchführung locke ich Pferde nie mit Leckerchen zum Boden hinunter, weil mein Zugang zu dieser Lektion die Auseinandersetzung mit der Rangordnung ist: Wenn man einen erzieherischen Effekt anstrebt, sollte man das Pferd nicht mit einem Leckerli zum Heruntergehen verführen. Grundsätzlich habe ich nichts gegen Leckergaben – nach der Übung sind sie sinnvoll als Bestärkung, denn Kauen entspannt, doch grundsätzlich sollte das Pferd nicht in die Lektion gehen, weil es Appetit auf Süßes hat, sondern weil es gelernt hat, einem sanften, aber beharrlichen Druck nachzugeben! Wir kennen die anderenfalls entstehenden Probleme ja beim Verladen: Mit Karotte geht das Pferd in den Anhänger, ohne nicht. Was tun, wenn keine Möhre zur Hand ist oder unser Vierbeiner gerade satt ist? Deshalb sollten Pferde die gestellten Aufgaben erst einmal ohne Futterbelohnung lösen – als nachträgliche Bestärkung ist diese dann unproblematisch. ■

Wie lange sollen Pferde knien?

Hier gilt grundsätzlich: Nicht die Zeit ist wichtig, sondern dass der Bewegungsablauf vom Trainer begonnen und auch von ihm beendet wird! Doch wenn ich die Lektion später einmal in Showauftritten oder fremder Umgebung vorführen will, dann muss ich die Anforderung im heimischen Training etwas (!) übertreiben: Ich persönlich trainiere meine Pferde darauf, dass sie zu Hause zehn Sekunden im Kompliment bleiben, damit ich bei Vorführungen unter dem Eindruck von Hunderten oder gar Tausenden unruhiger Zuschauer noch drei Sekunden bekomme.

Entscheidend ist jedoch, dass wir als Trainer den Abschluss setzen, denn wenn das Pferd von sich aus wieder aufsteht, fühlt es sich in Zukunft überlegen. Das wird sich vielleicht schon bei der nächsten Übung rächen, wenn es nun versucht, die eingespielte Rangordnung zu seinen Gunsten zu ändern – spätestens, wenn sich so etwas wiederholt, pflanzt sich das Pferd irgendwann vor einem auf und signalisiert: „Ich bin stark und überlegen und tue künftig, wonach mir der Sinn steht.“ Deshalb bestimmen stets wir, wann eine Übung beendet ist! ■

■ Bei einem Showauftritt sollte das Pferd nicht gleich wieder aus dem Kompliment aufspringen. (Foto: Riess)

Ablauf

Zunächst knoten wir den Schweif hoch oder binden ihn ein, damit er nicht niedergetreten wird.

Der Trainer nimmt beim Kompliment am Boden die Position hinter der Pferdeschulter, Blickrichtung Pferdekopf, ein. Das Training ist grundsätzlich darauf ausgerichtet, dass wir alle Übungen später vom Sattel aus abrufen können, und man sitzt dann ja hinter der Schulter mit Blick nach vorn. In dieser Position kann mich das Pferd zudem bei einer Fluchtreaktion nicht überrennen. Damit es dazu nicht kommt, gehe ich zu Beginn der Übung noch einmal hinter dem Pferd herum und beobachte am Ohrenspiel, ob es aufmerksam ist oder nicht.

Der Einstieg in das Kompliment erfolgt mithilfe der Zirkuslonge – einer vier Meter langen Longe mit eingenähter Endschlaufe. Man legt sie einmal über den Rücken des Pferdes und schlingt die Schlaufe behutsam um die Fessel der Seite, die später hinknien soll. Wir müssen jedoch vorher wissen, ob das Pferd schon einmal einen Bauchgurt getragen hat und ihm dessen Druck vertraut ist oder ob es überhaupt noch nichts dergleichen kennt oder gar einen Gurtzwang hat. Denn wir wollen ja nicht riskieren, dass unser Pferd erschreckt in Bocksprünge verfällt!

■ Irgendwann reicht das Touchieren allein als Kommando für das Kompliment. (Foto: Slawik)

An dieser Stelle sei darauf hingewiesen, dass man sich den Umgang mit der Zirkuslonge unbedingt von einem erfahrenen Trainer zeigen lassen sollte, um Unfälle zu vermeiden!

Ob es den Dreibeinstand toleriert, haben wir zuvor beim Fußeheben herausgefunden (oder eingeübt); und so können wir jetzt die ersten Schritte zum Kompliment tun: Wir heben das betreffende Vorderbein und halten es mit der um den Bauch gewundenen Zirkuslonge gebeugt fest. Danach richten wir das Pferd durch leichte Paraden am Zügel rückwärts und geben gleichzeitig das Stimmkommando „Kompliment", bis sein Karpalgelenk ganz kurz den Boden berührt. Dann lassen wir das Pferd sofort los und loben es überschwänglich mit Stimme und Streicheln.

Haben wir dieses Ziel mit ein- bis zweimaliger Wiederholung erreicht, dann ist das für den ersten Tag genug, und wir geben dem Pferd Gelegenheit, eine Nacht darüber „nachzudenken", das heißt, das Gelernte sich setzen zu lassen. Denn in der Regel geht es schon am Folgetag viel leichter vonstatten, und man kann besser fortschreiten, als wenn man alles an einem Tag erreichen will.

In den nächsten Trainingseinheiten kommen wir noch einmal darauf zurück und verfeinern nun nach und nach den Vorgang, indem wir versuchen, das Kompliment nur durch Touchieren des jeweiligen Röhrbeinbereichs mit der Gerte und leichten Zügelparaden zu erreichen. Es hat sich bewährt, die Zirkuslonge dabei weiterhin um den Leib des Pferdes gelegt zu lassen, damit es den Eindruck behält, der gewohnte Zug könne jederzeit wieder einsetzen. Die Longe wird erst ganz verzichtbar, wenn das Kompliment durch reines Touchieren oder sogar auf bloßes Stimmkommando hin erfolgt.

Toleriert ein Pferd die Defensive nicht gut, dann müssen wir die Übung in kleinere Schritte unterteilen und alles loben, was in die gewünschte Richtung geht: Rückwärtstendenz, Vorhandbeugung, Verharren in Beugehaltung. Allerdings ist es in den allermeisten Fällen besser, den Pferden deutlich zu zeigen, worum es geht: Man bringt sie einmal bis auf das Karpalgelenk zum Boden, dann hat man etwas Klares erreicht und muss nicht endlos zwischen Halberfolgen und Misserfolgen pendeln. Denn klare Verhältnisse sind dem Pferd von Natur aus durch die Rangordnungskämpfe vertraut: Wenn zwei Hengste miteinander raufen, wird auch nicht danach gefragt, wie weit einer sich beugen muss. Doch dürfen wir die Longe niemals gleich zu Beginn festhalten, um absolute Unterwerfung zu erzwingen. Vielmehr lassen wir unser Pferd durch ganz kurze Bodenberührung die Erfahrung machen, dass ihm hier nichts Schlimmes geschieht und es lediglich um eine naturhafte Beugebewegung geht.

Häufig beobachtet man beim Niedergehen ein Nasenreiben am gestreckten Bein. Das sollte uns erst einmal nicht weiter irritieren. Vielleicht ist es eine „Übersprungshandlung", wie man sie in spannungsgeladenen Situationen bei vielen Tieren beobachtet und so interpretiert, dass sich hier ein innerer Druck „Luft macht" – oder es ist einfach der natürliche Sinn spontaner Vorderhanddehnungen, dass juckende Spannungsgefühle im Kopf- und Halsbereich hierdurch abgearbeitet werden.

Das „Nasereiben“ könnte als Übersprungshandlung interpretiert werden. (Foto: Leitner)

Nach meiner Erfahrung drückt sich darin aber auch ein gewisser Dominanzanspruch aus: Das Tier will nicht gleich „klein beigeben“ und behält eigenwillige Bewegungen als Ausdruck ungebeugter Selbstbehauptung bei. Doch gerade das zeigt uns, dass dieses Pferd beginnt, unserem Ansinnen nachzukommen, deshalb stört es mich zunächst nicht weiter und kann später einmal mit leichten Paraden abgewöhnt werden.

Bevor wir weitergehen, noch dies: Erfahrungsgemäß sollte man das Kompliment erneut abrufen, wenn es beidseitig gelernt ist und das Knien beginnt, damit es als Übungseinheit nicht verloren geht und der Unterschied zwischen den Lektionen für das Pferd deutlich bleibt.

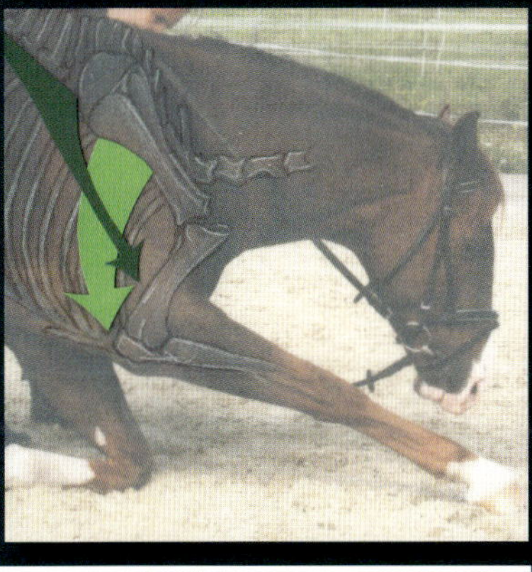

Die Biomechanik des Kompliments

Das Kompliment ist aus biomechanischer Sicht eine ausgesprochen komplizierte Bewegung, an der eine Vielzahl von Muskeln und Muskelgruppen beteiligt ist. Das Pferd muss zunächst einmal seinen Schwerpunkt nach hinten verlagern, um etwas Gewicht von der Vorhand zu nehmen, damit es dreibeinig stehen kann. Dazu spannt es die Kruppen- und auch die Rückenmuskulatur an, damit die Verbindung zwischen Hinterhand und Rumpf möglichst stabil bleibt, denn die vordere Stütze des Rumpfes wird zunächst sehr instabil, bis sich das Pferd auf dem abgewinkelten Karpalgelenk abstützen kann. In dieser Phase wird der Rumpf nur von dem nach vorn gestreckten Vorderbein gestützt, was eine starke Haltearbeit für die Streckmuskeln und die Schultergürtelmuskulatur bedeutet.

Ist das Pferd im Kompliment angekommen, entspannt sich die Situation wieder etwas, denn die Last des Rumpfes wird nun wieder von dem zweiten, dem abgewinkelten Vorderbein mitgetragen. In dieser Position werden die Muskeln der Vorhand mehr passiv gedehnt und müssen weniger aktive Haltearbeit ausüben. Auf der Seite des gestreckten Vorderbeins wird vor

■ Der Bewegungsablauf in das Kompliment (Fotos: Leitner)

allem das Schultergelenk in eine extreme Streckung gebracht und damit die thorakalen Schultergürtelmuskeln gedehnt. Eine solch starke Dehnung der Schulterpartie erreiche ich mit keiner anderen Lektion. Eine bessere Beweglichkeit dieses Bereiches ist die Folge, was sich auch positiv auf die Schulterfreiheit beim Reiten auswirken kann.

Das Kompliment sollte nie länger als 10 bis 20 Sekunden dauern, denn auch im Sport wird ein Muskel nie länger gedehnt, und auch das nur im aufgewärmten Zustand.

Das gebeugte Vorderbein übernimmt auf dem Karpalgelenk eine Last, die dieses Gelenk normalerweise nur in gestrecktem Zustand aufnimmt. Da der Karpus nicht für den Bodenkontakt gebaut ist, sollte stets auf eine weiche Unterlage geachtet werden. Die Haltefunktionen der Schultergürtelmuskulatur sind ähnlich wie beim stehenden Pferd, nur werden die Hals-Oberarm-Muskeln stärker gedehnt. Rücken und Hinterhand müssen den Großteil der Haltearbeit übernehmen, um das Gleichgewicht nicht zu verlieren. Da dies für Pferde ungewohnt und damit anstrengend ist, weichen manche Pferde in das bequemere Liegen aus oder fallen sogar um.

Das Kompliment sollte stets auf beiden Seiten einstudiert werden, da es sonst zu einer ungleichmäßigen Entwicklung der Muskulatur kommt. Auch das Gleichgewicht wird so auf beiden Seiten geschult. Pferde nehmen nach längerem Liegen übrigens oft eine ganz ähnliche Haltung wie das Kompliment ein, um sich zu dehnen und zu strecken. Nur knicken sie dabei nicht ein Vorderbein ein, sondern bleiben mit beiden Vorderbeinen stehen und verlagern nur ihr Gewicht weit nach hinten.

■ Mit dem Kompliment lassen sich vor allem die Schultermuskulatur und die lange Sitzbeinmuskulatur hervorragend dehnen. (Grafik: Dr. Wolfgang Reuber)

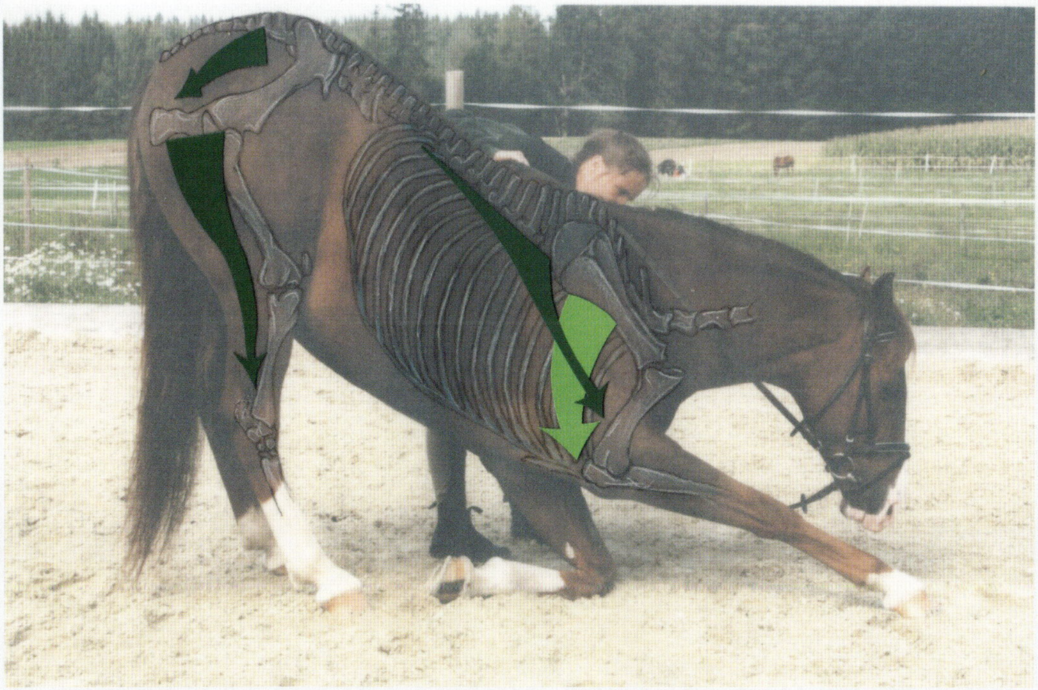

Das Knien

Wissenswertes

Natürlich sind es nicht die Knie, auf die das Pferd bei dieser Lektion hinuntergeht – es sind die Karpalgelenke, die unserem Handgelenk entsprechen. Insofern ist der Ausdruck „Knien" eine vermenschlichte Interpretation. Man darf diese Übung auch nicht als Demutsgeste auffassen, das wäre ein Missverständnis. Ein Pferd würde sich nicht niederknien, weil ihm ein stärkeres gegenübertritt (Unterwürfigkeitsgeste des Pferdes ist eher das oft bei Fohlen beobachtete „Leerkauen" mit halb geöffnetem Maul). Vielmehr beobachtet man das Knien bei Rangordnungskämpfen als Wegziehen der Beine vor dem Biss des Gegners.

Doch meist ist diese Bewegung nichts anderes als der Zwischenschritt zum Niederlegen oder Wälzen. Wenn wir das Hinknien als Lektion einüben, reproduzieren wir damit also nur ein ganz gewöhnliches Alltagsmoment aus dem Pferdeleben – die einzige Besonderheit daran ist, dass es hier nicht spontan geschieht, sondern dass wir es gezielt abrufen.

■ Das Knien ist ein natürlicher Bewegungsablauf, den Pferde im Kampf oder vor dem Wälzen zeigen. (Foto: oben: Slawik; unten: Leitner)

Ablauf

Will man mit dieser Lektion beginnen, sollte das Kompliment auf beiden Seiten sicher abrufbar sein. Das Pferd hat gelernt, auf Touchieren und Stimmkommando die entsprechende Vorhand zu beugen, bis das Karpalgelenk Bodenkontakt erhält. Nun aber sollen beide Karpalgelenke den Boden berühren. Das ist rein biomechanisch gar nicht so einfach, andererseits kann jedes Pferd diesen Vorgang im Alltag bewältigen, wenn es sich niederlegen will.

Als Trainer sollte man beobachten, welche Vorgehensweise unser Tier dabei bevorzugt: Werden beide Vorderbeine zugleich gebeugt, oder geht das Pferd erst in das Kompliment und zieht dann das zweite Bein nach? Manchmal scheint es schwierig, auch den Huf anzuwinkeln, sodass er beim Einziehen am Boden klemmt, doch das kann ebenso gut ein Zeichen minderer Aufmerksamkeit sein – das Pferd macht es sich leicht und „schlurft" mit der Hufspitze.

Da wir das Knien aus dem Kompliment heraus entwickeln, müssen wir dem Pferd durch das Kommando „Knien!" und einer klaren Reihenfolge des Touchierens mit der Gerte deutlich machen, dass es sich um einen neuen, getrennten Schritt handelt. Der Trainer steht dabei nicht mehr hinter der Schulter des Pferdes, weil es hier nicht mehr rückwärtsgerichtet werden muss; er kann sich seitlich aufstellen, was die genaue Führung der Gerte erleichtert.

Wir haben jetzt (hoffentlich) ein aufmerksames, arbeitendes Pferd vor uns, also eines, das sich nicht zum Schlafen niederlegen will. Nun müssen wir durch das Touchieren beider Vorderbeine entsprechend Druck machen, bis das Tier unsere Absicht versteht, die ihm selbst zunächst widersinnig erscheint.

Das Knien ist für das Pferd zwar gymnastisch einfacher als das Kompliment, wir haben aber trotzdem energischer mit unseren Hilfen zu sein.

Dazu touchiert man entweder beide Röhrbeine gleichzeitig oder holt das Pferd erst in ein Kompliment und touchiert dann das gestreckte Bein nach – das hängt ganz davon ab, welche Methode das Pferd besser versteht.

Grundsätzlich könnte man auch mit einer oder mehreren Hilfspersonen arbeiten, doch eine davon muss eindeutig die Führungsrolle einnehmen, und die anderen müssen genau wissen, worauf sich ihre Funktion beschränkt! Solch ein Team ist viel schwieriger aufzubauen als eine zweiseitige Beziehung, deshalb arbeite ich meist lieber allein und bin so stets die maßgebliche Bezugsperson für mein Tier.

Es gibt eine Idealvorstellung von dieser Lektion, in der das Pferd sein Gewicht erst leicht auf die Hinterhand verschiebt, danach beide Vorderbeine zugleich beugt und dann auf die Karpalgelenke niedergeht. Manche Trainer empfehlen dazu, zunächst die Übung „Bergziege" einzustudieren, bei der das Tier seine Vor- und Hinterhand so unter den Leib schiebt, dass es auf einem kleinen Podest stehen kann, weil damit die entsprechende Gewichtsverteilung eingeübt wird. Ich gehe jedoch aus einem strategischen Grund nicht so vor: Um die „Bergziege" zu erreichen, muss ich die Hin-

■ Selbstverständlich sollte man auch beim Knien – ob mit oder ohne Reiter – auf einen weichen Untergrund achten.
(Foto: Slawik)

terhand touchieren, bis das Pferd nach vorn ausweicht. Dafür wird es gelobt; doch will ich später die Piaffe einüben, bei der das Pferd fast auf der Stelle trabt, dann soll es beim Touchieren der Hinterhand plötzlich senkrecht treten, statt die Beine unter den Leib zu ziehen und zu stehen! Das führt zu widersprüchlichen Kommandos, die das Tier für die gleiche Reaktion einmal loben, einmal korrigieren! So etwas kann nur verwirren, weshalb ich die Lektion „Bergziege“ nicht in mein Programm aufgenommen habe.

Beim Knien sollte das Pferd gerade nach vorn blicken. Damit unterscheidet sich diese Übung als Einheit deutlich von den nachfolgenden Lektionen „Liegen“ und „Sitzen“.

Es ist sehr wichtig, dass jede Lektion separat aufgefasst wird und nicht zu einem schwammigen Ablauf verkommt.

Deshalb sollten die Kommandos und die Hilfen jeweils eindeutig sein, und vorangehende Lektionen müssen immer wieder getrennt wiederholt werden, damit unser Pferd nicht zum Gedankenleser wird und vorauseilend Dinge tut, zu denen wir es noch gar nicht aufgefordert haben!

Alle unsere Zirkuslektionen sollen letztlich auch unter dem Reiter vorführbar werden. Natürlich sollte man damit erst beginnen, wenn sie vom Boden aus sicher klappen. Für das Knien (wie auch später beim Steigen) braucht man zusätzliches Hinter- und Vorderzeug, damit der Sattel nicht verrutscht.

Der Reiter sitzt zunächst einfach passiv und ausbalanciert auf dem Pferd, während eine Hilfsperson vom Boden aus das Kommando gibt. Führt das Pferd die Übung mit Reiter schließlich genauso willig aus wie ohne ihn, gibt der Reiter das Kommando von oben, indem er mit einer langen Dressurgerte an den gleichen Stellen touchiert, wie er es vom Boden aus täte.

Das Gewicht des Reiters und sein Schub nach vorn scheinen gesunden Pferden beim Knien übrigens nicht viel auszumachen, und auch für das Aufstehen reicht ihre Kraft leicht aus! Deshalb benötigt man hinterher auch keine besonderen Lockerungsübungen, denn die Pferde sind dadurch nicht verspannt (es sei denn, wir lassen sie übertrieben lange in der Beugung verharren); eine halbe Runde Schritt reicht völlig aus.

Abwechslung muss sein

Grundsätzlich sollten wir bei jedem Training für Abwechslung sorgen! Das widerspricht gewissen Lehrmeinungen, die starre, immer gleiche Kommandos und Rituale vorschreiben, auf die das Tier „gedrillt" wird, bis sie „im Schlaf sitzen". Diese Auffassung vom Lernen stammt aus dem Militärischen und der daraus entwickelten Verhaltenspsychologie, die unter Dressur eine maschinenhafte Reaktion auf stereotype Signale versteht – die sogenannte „Konditionierung" (nach Skinner). Doch dadurch bekommt man ein stumpfsinniges, innerlich unbeteiligtes Pferd, was man solchen Tieren auch ansieht und was die eigentliche Freude an den Zirkuskunststücken verdirbt – wer mag sich schon artistische Roboter anschauen? Wach und beteiligt bleibt ein Tier nur, wenn wir ihm Abwechslung und ungewohnte Herausforderungen bieten. Wie man aus der zoologischen Forschung weiß, entwickelt sich dadurch auch die Individualität (was dem Militär ebenso unerwünscht ist wie der Versuchstierhaltung). Dadurch wird das Trainieren zwar komplexer und schwieriger, bringt aber lebendige Ergebnisse hervor. Deshalb variieren wir die Trainingsbedingungen und streuen in der Zwischenzeit gänzlich andere Erlebnisse wie Ausreiten, Wanderungen oder Spiele ein. Und wir überprüfen fortlaufend die Dosierung unserer Hilfen und passen sie dem Könnensstand und der Tagesform an. Wie viel Druck genügt gerade noch, um das Ziel zu erreichen? Mehr soll es nicht sein – aber auch nicht weniger! ■

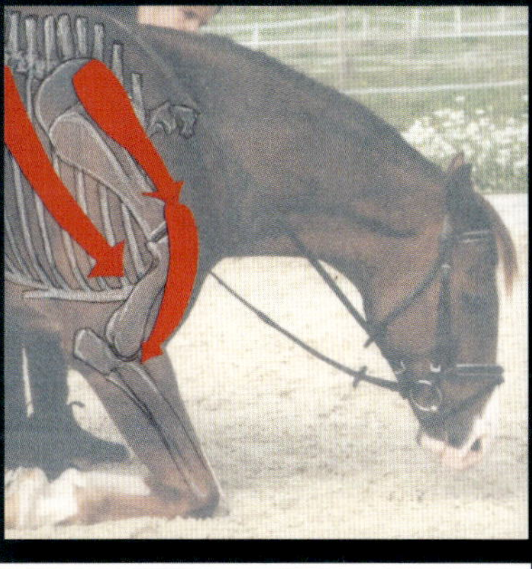

Die Biomechanik des Kniens

Beim „Niederknien“ des Pferdes liegen die biomechanisch interessanten Momente nicht in der Lektion an sich, sondern darin, wie das Pferd in diese Situation hinein- und wie es wieder herauskommt. In der Lektion selbst besteht eine relativ stabile Statik: Durch die abgesenkte Vorhand müssen lediglich die Rücken- und ein wenig auch die Kruppenmuskulatur für das Gleichgewicht sorgen. Sitzt noch ein Reiter auf dem Rücken, ist natürlich die Belastung der Karpalgelenke größer, was bei entsprechend weichem Untergrund jedoch kein Problem darstellt.

Pferde haben unterschiedliche Techniken, sich niederzuknien. Gewünscht ist, wie oben beschrieben, das gleichzeitige Einknicken beider Vorderbeine. Dabei verlagert das Pferd sein Gewicht zunächst nach hinten und entlastet die Vorhand, indem es durch Anspannen von Rücken- und Bauchmuskulatur den Rumpf mit der Hinterhand hält und den Kopf hebt. Dadurch wird die Vorhand für einen Moment so weit frei, dass es die Karpalgelenke beugen und sich auf sie niederlassen kann. Beobachtet man Pferde, wie sie sich hinlegen, benutzen die meisten diesen Weg. Doch wenn wir diese

Bewegung gezielt abrufen wollen, bevorzugen einige Pferde eine andere Technik: Sie gehen erst in das Kompliment und ziehen anschließend das gestreckte Bein ein. Das ist zwar weniger an-strengend für die Bauchmuskulatur, erfordert aber mehr Geschicklichkeit und Gleichgewicht, denn die Pferde müssen das gestreckte Bein zunächst entlasten, indem sie eine Seitwärtsbiegung zu dem gebeugten Bein durchführen und den Kopf anheben. Erst dann wird die gestreckte Seite so weit frei, dass sie durch ein Anheben der Schulter das Bein beugen und unter den Körper schieben können.

Auch beim Aufstehen beobachtet man diese zwei verschiedenen Techniken – in umgekehrter Reihenfolge. Pferde, die mit beiden Vorderbeinen fast gleichzeitig aufstehen, verlagern wiederum ihr Gewicht durch ein Hochnehmen des Kopfes nach hinten und schwingen sich mit einem ruckartigen Anspannen von Rücken- und Bauchmuskulatur hoch. Die andere Methode führt wieder über das Kompliment: Das Pferd entlastet eine Körperseite durch eine Seitwärtsbiegung des Rumpfes und ein Hochnehmen des Kopfes und schiebt dann ein Bein nach vorn. Anschließend erfolgt ein Schub aus der Hinterhand, der das Hochstemmen auf dem gestreckten Bein unterstützt. Tiere, die diese Technik verwenden, bringen in der Regel immer dasselbe Bein zuerst nach vorn, egal, ob man sie aus dem rechten oder dem linken Kompliment zum Knien gebracht hat. Man hat keine Möglichkeit, hierauf Einfluss zu nehmen.

Das Knien hat kaum spezielle gymnastische Effekte, fördert aber die Beweglichkeit, die Geschicklichkeit und den Gleichgewichtssinn.

■ Im Knien herrscht eine recht stabile Statik. Die Schultermuskulatur muss hier Haltearbeit verrichten – im Gegensatz zum Kompliment, wo sie auf der gestreckten Seite gedehnt wird. (Grafik: Dr. Wolfgang Reuber)

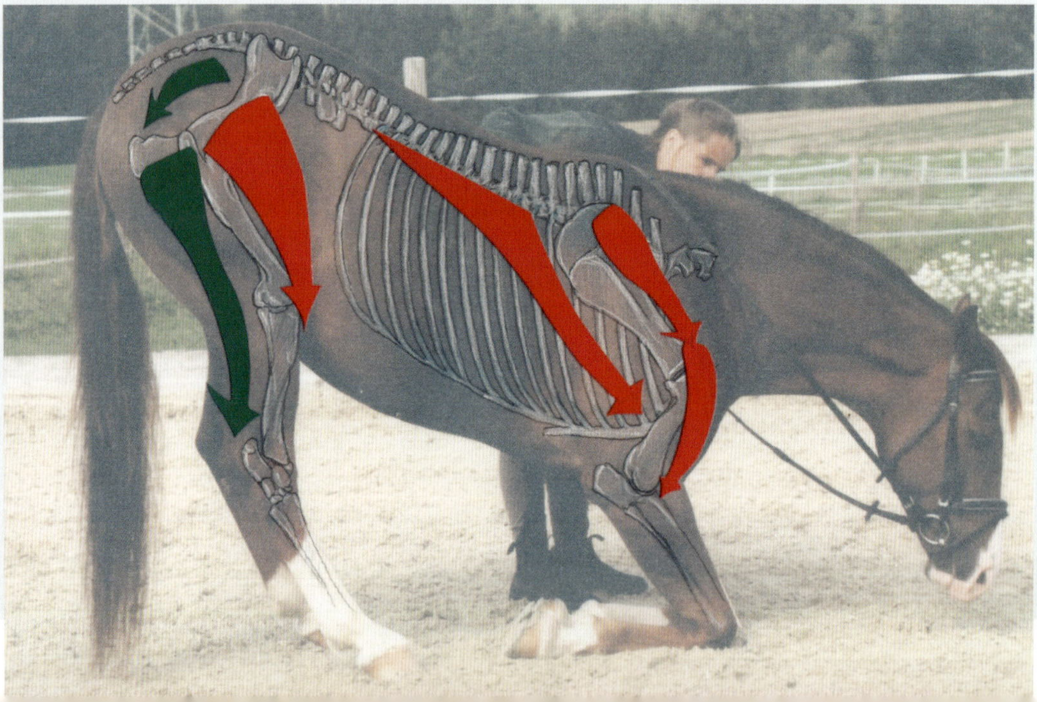

Das Liegen

Wissenswertes

Dass das Hinlegen eine natürliche Bewegung ist, muss nicht besonders betont werden. Nur als Lektion auf Kommando ist es ungewöhnlich – für das Pferd wie für sein Publikum.

Man liest häufig, dass diese Übung den Gipfel des Vertrauens vom Vierbeiner zum Zweibeiner darstellt, denn eine Flucht ist aus dem Liegen nur verzögert möglich.

Ein Pferd wird sich nur niederlegen, wenn es sich bei „seinem" Zweibeiner sicher fühlt.

Deshalb bedeutet diese Lektion ihm einen ähnlich großen Schritt wie seinerzeit das Kompliment. Inzwischen hat es jedoch Erfahrung mit Fußlonge und Gerte, und wir können diese Hilfsmittel nun auch einsetzen, um das Tier an die neue Übung heranzuführen.

Pferde machen einen Unterschied, ob sie sich aufrecht oder flach hinlegen – wenn wir eines zur aufrechten Lage bringen, so bedeutet das noch nicht, dass es sich auch flach ablegen wird: Erst wenn es sich überzeugt hat, dass wir die Wächterrolle übernehmen, wird es sich ganz hin-

■ Liegen ist nicht gleich Liegen: Nur wenn Pferde sich ganz sicher fühlen, legen sie sich flach auf die Seite oder bleiben überhaupt ruhig liegen. (Fotos: Riess)

geben, denn in der Natur „sichert" immer wenigstens ein aufmerksames, stehendes Tier die Gruppe vor möglichen Gefahren, sodass die anderen sich liegend entspannen können.

Allerdings gibt es gelegentlich Pferde, die sich gleich flach „hinwerfen" – ihnen ist das aufrechte Liegen dann nur schwer beizubringen. Nun sieht dieses „Hinschmeißen" nicht besonders harmonisch aus, und es unterläuft auch die disziplinierte Bewegungsabfolge, die wir anstreben. Überdies wäre es gefährlich für den Reiter – er kann nur dann rechtzeitig absteigen, wenn der aufrechte Ablegeschritt ihm Gelegenheit dazu lässt. Deshalb entwickeln wir diese Lektion schrittweise aus dem Knien, indem wir nur jene Bewegung loben, die aktuell angesagt ist, und vorschnelle Tiere wieder hochtreiben.

Das gilt ebenso und absolut, wenn das Pferd Anstalten macht, sich zu wälzen – abgesehen davon, dass das für einen Reiter extrem gefährlich wäre, ist es auch ein Zeichen dafür, dass dieses Tier uns nicht respektiert!

Genauso wenig wollen wir mit dieser Übung dem Pferd einen Impuls zum Einschlafen geben; umgekehrt kann sie jedoch in dieser Richtung genutzt werden. Ich hatte ein Pferd im Training, das sich nie niederlegte und entsprechend unausgeruht erschien. Medizinische Untersuchungen fanden keine Ursache dafür, außer einer Neigung zum Hahnentritt, die ihm die entsprechenden Beugebewegungen erschwerte (als Hahnentritt wird eine unwillkürliche starke Beugung des Sprunggelenkes während der Bewegung bezeichnet; die Ursache ist nicht geklärt). Über Kompliment und Knien führten wir dieses Tier nun an einen Bewegungsablauf heran, mit dem es sich ohne Verspannungen hinlegen konnte, was es in der Folge auch tat - allerdings nur so lange, wie ein vertrauter Mensch die „Wache“ übernahm. Sein Pfleger setzt sich heute mit einem Roman auf den Campingsessel zu ihm in die Box, und dann schläft es!

Ablauf

Hilfsmittel sind, wie oben gesagt, Fußlonge und Gerte. Mit ihrer Hilfe bringen wir das Pferd aus dem Kompliment zum Knien und schreiten von dort mit sanftem, aber klarem Druck durch Paraden zum Hinlegen fort. Dazu führt man den Kopf des Pferdes im Knien zu der dem Trainer abgewandten Seite, bis es sich mit dem Rücken zur Seite des Trainers ablegt.

Ist das aufrechte Liegen erreicht, loben wir ausgiebig! Erst wenn es mehrfach und problemlos gelungen ist, führen wir das Pferd mit dem Zügel in die flache Lage, indem wir, wie beim aufrechten Liegen, mit sanftem Druck seinen Kopf von uns weg zur Seite lenken, bis es sich schließlich in die Seitenlage kippen lässt, und zwar immer so, dass es mit seinem Rücken zu uns liegt. Man kann niemals vor unerwarteten Schreckbewegungen sicher sein, deshalb sollte man sich keinesfalls im Bereich der Hufe aufhalten!

Es ist nützlich, vor dieser Lektion zu beobachten, auf welche Seite sich unser Pferd spontan gern hinlegt, und mit dieser Seite zu beginnen.

■ Hier funktioniert das Ablegen schon ohne Hilfsmittel. Der Trainer befindet sich aus Sicherheitsgründen stets auf der Seite, zu der das Pferd sich ablegt. (Foto: Slawik)

Damit nehmen wir ihm ein weiteres Angstmoment, und später ist ihm der gesamte Vorgang schon so vertraut, dass wir mit der gegenüberliegenden Seite beginnen können, ohne die allgemeine Vertrauensbasis neu begründen zu müssen.

In der Rückenposition loben wir das liegende Pferd überschwänglich durch Streicheln und Zureden. Manche dulden dann nach einer Weile sogar, dass sich der Trainer kurz auf seinen rückennahen Brustkorb setzt, wobei allerdings zu bedenken ist, dass die Seitenlage dem Tier das Atmen ohnehin erschwert, weil sein Eigengewicht es niederdrückt - lange darf man also nicht so verharren.

Nicht in mein Programm aufgenommen habe ich das Zudecken oder Deckewegziehen, das oft in Shows gezeigt wird. Man erreicht das nämlich nur durch in der Decke verstecktes Leckerfutter, das vom Pferd herausgeknabbert wird - es wird also später jede Decke absuchen und zerkauen, die man ihm überlegt! Wird solch ein Tier einmal an einen Besitzer weiterverkauft, der davon nichts weiß, kann daraus ein Tierschutzproblem entstehen: Das Pferd wird nun womöglich für etwas gestraft, für das man es zuvor gelobt hat!

Auch die Übung „Liegen" wird - wie alle Lektionen - durch den Trainer beendet, mit dem Kommando „Auf!". Der Trainer kann dabei zusätzlich noch einen aufmunternden Schritt nach vorn machen. Wenn Pferde selbst hochspringen, so ist das ein Zeichen dafür, dass sie sich im Liegen nicht sicher oder unwohl fühlten; ein Anlass, zunächst den Boden auf spitze oder harte Brocken abzusuchen, und ein weiterer Anlass, an unserer Rangordnung zu arbeiten; offenbar sorgt hier das Pferd selbst für seine Sicherheit, statt sich unserem Schutz anzuvertrauen. Wie schon gesagt, schließen sich Pferde in der Natur nur dem Leittier an, das ihnen klare Verhältnisse zuweist; Schmusen allein gibt dem Pferd keine Sicherheit! Wir haben in diesem Fall also noch nicht die Autorität erarbeitet, die unserem Tier das nötige Vertrauen vermittelt.

Das Ablegen kann neben dem Showeffekt übrigens auch praktischen Nutzen haben: Ich habe einmal für einen körperbehinderten Reiter ein Pferd so trainiert, dass es ihn im Liegen auf- und absteigen ließ!

Das Aufstehen aus dem Liegen ist jedoch anstrengend für ein Pferd, folglich kann man diese Übung, je nach Konstitution des Pferdes, nicht allzu häufig wiederholen (namentlich unter dem Reiter).

Alte oder kranke Pferde legen sich deshalb nur selten hin, weil ihnen die Kraft zum Aufstehen fehlt. Von ihnen sollte man diese Lektion also nicht verlangen.

Anstrengend ist aber auch das Lernen als solches: Obgleich die Pferde in meinen Kursen eigentlich die meiste Zeit nur stehen müssen, sind sie am dritten Tag recht ermüdet. Die Ursache da-für liegt darin, dass das Gehirn ein Energiefresser ist - beim Menschen verbraucht es sogar bis zu einem Viertel der Gesamtenergie! Und ein aufmerksames, lernendes Gehirn wird weit umfangreicher durchblutet als eines, das nur Routineaufgaben zu erledigen hat. Das Hinlegen in der Lektion ist ja keine Erholung, sondern Arbeit!

Die Biomechanik des Liegens

Das Pferd ist dasjenige unserer Haussäugetiere, welches sich am seltensten hinlegt, da es ja auch im Stehen eine gewisse Ruheposition einnehmen kann (siehe Kapitel „Die Biomechanik der Grundlektionen"). Hunde und Katzen liegen sehr viel, aber auch Schweine und vor allem Rinder sieht man oft liegen. Während Kühe diese Ruhephasen zum Wiederkäuen nutzen, legen sich Pferde in der Regel zum Ausruhen und Schlafen hin. Aber auch das Wälzen findet im Liegen statt. Wälzen kann ein Ausdruck des Wohlbefindens sein und der Fellpflege dienen oder aber ein Hinweis auf massive Bauchschmerzen sein, wie sie bei einer Kolik entstehen.

Wenn sich Pferde niederlegen, sieht das manchmal etwas ungelenk aus: Sie schieben die Hinter- und Vorderbeine nach und nach unter ihren Schwerpunkt, sinken dann auf die Karpalgelenke nieder, knicken langsam in den Sprunggelenken ein und lassen sich schließlich aus mehr oder weniger großer Höhe auf eine Seite fallen, sodass sie mit angewinkelten

Vorderbeinen und unter den Bauch gezogenen Hinterbeinen auf der Unterbrust, dem Bauch und einem Hinterschenkel liegen.

Rufen wir diese Lektion auf Kommando ab, sollte sie möglichst kontrolliert ablaufen. Befindet sich das Pferd im Knien, so kann man ihm durch ein Zurseitenehmen des Kopfes die Richtung vorgeben, in die es sich legen soll. Ob es sich allerdings durch langsames Einknicken der Hinterhand oder durch „Umfallen" niederlegt, ist nur schwer zu beeinflussen.

Das Niederlegen erfordert vom Pferd keine besondere Kraft, aber ein gewisses Maß an Koordination. Liegen an sich ist körperlich für das Pferd entspannend, kann aber psychisch eine hohe Belastung darstellen, wenn es sich bei seinem Trainer nicht völlig sicher fühlt.

Anders verhält es sich mit dem Aufstehen: Pferde erheben sich im Gegensatz zu Rindern zuerst vorn. Sie strecken beide Vorderbeine vor und richten die gesamte Vorhand auf, bevor sie mit einer ruckartigen Streckung der Hinterbeine die Nachhand nach oben stemmen. Diese Art des Aufstehens geht zwar schnell, ist aber sehr kraftraubend, erst recht, wenn man einen Reiter mit hochheben muss. Für ein gesundes, trainiertes Pferd ist das kein Problem, doch mit alten Tieren oder solchen, die ein Problem in der Hinterhand haben, sollte man diese Übung nicht unter dem Reiter machen.

■ Die Bewegungsabfolge des kontrollierten Ablegens. (Fotos: Slawik)

Das Sitzen

Wissenswertes

Dass Pferde sitzen, erscheint Laien oft seltsam und unnatürlich - in der Show wird darüber häufig gelacht. Doch wer Pferde im Alltag beobachtet, der sieht sie häufiger sitzen, als man es erwartet hätte - nicht nur, wenn ihnen das Hinterteil juckt, sondern auch, wenn sie nach dem Wälzen eine Zwischenpause einlegen oder sich nach dem Liegen umschauen wollen.

„Lago", den ich in einer Hengststation kennenlernte, hatte die Gewohnheit, sich in der Box nach dem Liegen minutenlang aufzusetzen und umzuschauen - es genügte ihm, dabei über den Boxenrand blicken zu können!

Äußere Voraussetzung ist selbstverständlich, dass der Boden genügend Halt gibt, damit die Vorderhufe nicht wegrutschen. Darauf ist auch zu achten, wenn wir das Hinsetzen als Lektion einüben wollen.

■ Sitzende Pferde wirken lustig, dabei ist diese Bewegung in freier Natur gar nicht so selten. (Fotos: Slawik)

Ablauf

Manche Pferde bieten das Sitzen als Übergang vom aufgerichteten Liegen zum Aufstehen spontan an – in solchen Fällen nutze ich dies, indem ich ihre Bewegung für einen Augenblick anhalte und sie dann besonders lobe. Im Allgemeinen aber erarbeiten wir das Sitzen als gesonderte Lektion.

Wir beginnen damit, indem wir hinter das aufgerichtet liegende Pferd treten und mit aufforderndem Tonfall das Kommando „Sitz!" geben, das im Duktus dem schon vertrauten „Auf!" ähnelt, weshalb unser Pferd zunächst meist hochstreben wird. Hat das Pferd seine Vorderbeine gestreckt und beginnt sich zu erheben, halten wir es nun deutlich, aber ruhig mit den Zügeln in einer gewissen Seitwärtsrichtung des Kopfes zurück (die Trense eignet sich für die hier nötigen Paraden besser als andere Zäumungen wie Knotenhalfter oder Bosal; ganz ungeeignet sind Stallhalfter oder Halsriemen). Hält das Pferd seinen Kopf gerade, ist es im Aufspringen nicht zu bremsen. So aber muss es sich in Etappen erheben, wodurch es irgendwann automatisch in die Sitzposition gerät.

Dann ist es sofort kräftig zu loben, denn in den meisten Fällen bleiben die Pferde zunächst nicht lange in dieser Haltung, sondern springen rasch auf die Hinterbeine.

Die Stimme ist hier das wichtigste Mittel zum Lob, denn aus unserer rückwärtigen Position können wir weder streicheln noch Leckerchen geben.

In gut (!) eingespielten Teams kann das jedoch im Anfang eine Hilfsperson tun, die dann allerdings sogleich zurücktritt, damit die Autorität beim Trainer bleibt.

Man darf diese Übung nicht erzwingen wollen – sie ist eher ein Geschenk, ein besonderes Angebot, das man fördern kann: Von zehn Pferden sitzt eines gut! Das bedeutet indes nicht, dass andere es nie lernen, sie brauchen nur viel mehr Zeit dazu. Eines meiner „Paradepferde", das sonst alles kann, benötigte zwei Jahre dafür!

Wenn es nicht gleich geht, unterteilen wir den Prozess in spielerische Stufen: Wir lassen es flach liegen, dann wieder aufrecht, wir bieten ihm an, einen Fuß nach vorn zu schieben, versuchen das dann zu stoppen, legen es wieder hin, versuchen beide Beine nach vorn zu bewegen und fahren fort, bis das Pferd signalisiert: „Darf ich jetzt bitte aufstehen?" und man aus diesem Impuls dann das Sitzen als Zwischenschritt gewinnt.

Erzwingen kann man das Hinsetzen aber nicht; ein Pferd in diese Position zu nötigen erzeugt nur Stress!

Jedes normale, gesunde Pferd bringt es im Allgemeinen zum Liegen; das Sitzen ist eine erfreuliche Zugabe, die man als Option im Hinterkopf behalten kann, um entsprechende spontane Ansätze lobend aufzugreifen, wenn sie zufällig unterkommen. Man wird derlei allerdings nur erleben, wenn in den Tieren weder der Fluchtimpuls überwiegt noch die Furcht, kräftemäßig nicht hochzukommen – sie springen sonst immer ganz auf. Aber das ist kein Manko – nicht nur Menschen haben verschiedene natürliche Gaben, sondern auch Pferde!

■ Die Fußlonge war hier ein Hilfsmittel beim Ablegen. Bei ihrem Gebrauch ist stets Vorsicht angebracht!

Die Biomechanik des Sitzens

Das Sitzen entsteht als Momentaufnahme beim Aufstehen: Hat sich das Pferd mit der Vorhand erhoben, wird die weitere Aufstehbewegung gestoppt. Bietet der Untergrund den Vorderbeinen genügend Halt, ist das Sitzen nicht allzu anstrengend. Neben den Vorderbeinen, die eine Stütz- und Haltefunktion zu erfüllen haben, ist auch die Bauchmuskulatur gefordert, da sie Brustkorb und Becken stabil miteinander verbinden muss. Pferde, die gut sitzen, richten sich in der Vorhand oft sehr weit auf, was zwar das Sitzen stabiler macht, das Aufstehen jedoch deutlich erschwert, da die Hinterhand den Rumpf nicht nur nach oben, sondern auch nach vorn drücken muss. Dafür brauchen sie etwas mehr Kraft, als wenn sie in einem Schwung aus dem Liegen aufstehen.

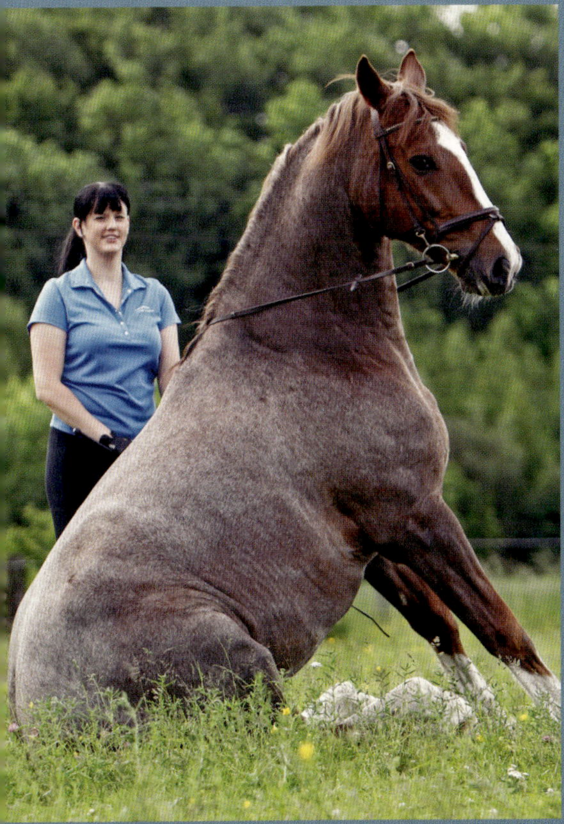

Hohes Sitzen (links) macht das Aufstehen schwieriger als flaches Sitzen. (Foto links: Slawik, Foto rechts: Leitner)

Manchmal heben Pferde, während sie sitzen, spontan ein Vorderbein, was dann ein wenig an den spanischen Gruß erinnert – eine Variante, die man als Trainer durch sofortiges (!) Lob ausbauen kann und die beim Publikum gut ankommt, weil sie wie ein „Winken" aussieht. Diese Spezialität sollte indes unter Anleitung eines sachkundigen Ausbilders trainiert werden, weil sie eine besonders ausgewogene Balance voraussetzt. Es würde zu krampfhaften Muskelschmerzen führen, wenn das Gleichgewicht nicht sicher hergestellt ist – was zuletzt die gesamte Lektion sehr unangenehm werden lassen kann.

Der spanische Schritt

Wissenswertes

In diesem Kapitel kommen wir nun zu Lektionen, die nicht wie die vorangegangenen aus dem defensiven Verhaltensrepertoire des Pferdes, sondern aus seinem offensiven stammen: Auf der Weide und in der Steppe beobachtet man die entsprechenden Bewegungsmuster beim Rivalenkampf, beim Imponiergehabe und bei Dominanzansprüchen als Drohgebärde.

Wohlüberlegt setze ich deshalb die Übungen aus der Defensive an den Beginn des Trainings, damit zunächst die Weisungsverhältnisse geklärt werden und der Trainer im Falle von Autoritätskrisen auf sie zurückkommen kann, um die Rangordnung wiederherzustellen.

Denn so manches Pferd mag nun die Gelegenheit zu einer Machtprobe ergreifen und sich über den „Chef" erheben wollen, was nicht nur unserem Ziel widerspricht, sondern auch gefährlich werden kann – selbst das kleinste Pferd ist stärker als der Mensch!

Darum gleich eine Grundregel: Für die folgenden Lektionen sollte der Trainer alle erreichbaren Sicherheitsvorkehrungen treffen, also mindestens den Reithelm tragen und das Pferd so halten, dass er außer Reichweite der Hufe bleibt!

Kommt es zu aggressiven oder auch nur aufmüpfigen Ausfällen eines Pferdes, schieben wir sogleich Defensivübungen ein (zum Beispiel Rückwärtsrichten), damit der Vierbeiner nicht übermütig wird. Zu bestrafen ist solches Verhalten jedoch nicht, denn es gehört nun einmal zur Pferdenatur, dass die Tiere nach Vorrang streben, und sie sind ja überdies nicht auf die Welt gekommen, um uns zu dienen!

Der spanische Gruß ist das Heben der Vorderbeine über den einfachen Schritt hinaus bis in die Waagerechte bei aufgerichtetem Kopf und Hals; etwas, das man in der Freiheit als Präsentationsgebärde findet, um andere Tiere zu beeindrucken.

Im spanischen Schritt sehen wir dieses Bewegungsmuster einseitig oder abwechselnd im Vorwärtsgang. Natürlicherweise verbindet sich bei-

■ Das natürliche Vorbild für spanischen Schritt und spanischen Gruß: Imponiergehabe zwischen Hengsten (Foto: Slawik)

des also mit einer gewissen Grunderregung, mit einer inneren „Geladenheit". Wir hingegen wollen es als gezielte Übung ohne inneren Drang abrufen. Deshalb müssen wir eine Atmosphäre schaffen, in der unser Pferd dazu bereit ist.

Hengste scheinen das oben beschriebene Verhalten auf der Koppel häufiger zu zeigen als Stuten, doch kommt es bei allen Pferden vor. Auch ist keine Rasse besonders prädestiniert dafür, deshalb kann man spanischen Schritt und spanischen Gruß allen motivierten Pferden beibringen, vom Pony bis zum schweren Kaltblut.

Wir beginnen mit dem spanischen Schritt, der wegen seines Vorwärtsmomentes leichter gelernt wird als die Übung im Stehen. Da diese Lektionen wie besprochen aus einem anderen Motivationshintergrund abgeleitet werden, kann man mit ihnen schon parallel zu den vorangegangenen Defensivübungen anfangen; das bringt mehr Abwechslung in das Training. Doch zumindest Rückwärtsrichten und Kompliment sollten davor bereits sicher gelingen, sodass wir mit diesen Übungen intervenieren können, wenn das Pferd sich plötzlich aufspielt. Wer andauernd das Imponiergehabe seines Tieres aufruft, darf sich nicht wundern, wenn das Pferd „aufmüpfiger" wird! Diesen Effekt kann man allerdings auch umgekehrt nutzen: Ich hatte einen Araber zur Ausbildung, der zu Beginn kaum seine Beine heben wollte – ein völlig demotiviertes Pferd, brav, aber an Leistung nicht im Geringsten interessiert. Mittlerweile kann es spanischen Schritt und sogar piaffieren, ist nun aber freilich kein „Kinderreitpferd" mehr – das Training hat es wieder aufgeweckt.

Beim spanischen Gruß bleibt das Pferd stehen und hebt nur ein Vorderbein. (Foto: Leitner)

■ Ein ausdrucksvoller spanischer Schritt eignet sich hervorragend für Showauftritte. (Foto: Slawik)

Ablauf

Wir beginnen diese Lektion mit einer Provokation: Wir stellen uns vor das Pferd (wobei wir es zwar am kurzen Zügel, aber mit langem Arm halten, sodass der geforderte Tritt nach vorn nicht unser Schienbein erreicht) und bauen uns in voller Größe vor ihm auf – gegebenenfalls noch gesteigert durch eine erhobene Gerte.

Dass das Pferd dann ein Vorderbein ausstellt, erreichen wir durch einen Kitzelreflex: Mit irgendeinem spitzen (nicht scharfen!) Gegenstand kitzeln wir es hinter dem Ellbogen. Das Pferd möchte diese lästige „Fliege" abschütteln und entzieht sich dem Reiz durch Aufstampfen.

Schon den Ansatz einer solchen Bewegung loben wir sogleich intensiv!

Doch Achtung: Jeder Horseman weiß, dass Pferde stattdessen auch das Hinterbein einsetzen können – sogar an der Nasenspitze und am Ohr können sie sich damit kratzen! Und wer dem im Wege steht, riskiert Verletzungen! Oder aber man bekommt nur ein Hautzucken, ein Schweifschlagen oder einen Biss an die juckende Stelle als Antwort. Aber auch solche Reaktionen sind zu Beginn erwünscht und lobenswert! Denn irgendwann wird auch mal das Aufstampfen mit dem Vorderbein erfolgen, das wir dann besonders überschwänglich loben.

Gelingt die Kitzelreaktion mehrfach wie gewünscht, dann übertragen wir sie nach und nach auf die Gertenspitze, was uns erlaubt, sie nun von vorn und später vom Sattel aus auszulösen. Wichtig dabei: nicht touchieren, sondern kitzeln! Sonst kann es geschehen, dass das Pferd die

Hilfe missversteht und „brav" ins Kompliment geht. Will man die Lektion vom Sattel aus vorführen, lässt sich die Gerte ohnehin nicht wie in der Bodenarbeit führen. Hier kann man später auf die Gerte verzichten, weil sie durch die Reiterhilfen ersetzt wird: ein kleines *arrêt* (ein kurzer Ruck aufwärts) am Zügel mit gleichzeitigem Umsitzen, um die Schulter des Pferdes zu entlasten, plus diagonal treibendem Schenkeldruck. Aber Achtung: nicht nach vorn lehnen und „nachgucken", ob es funktioniert, das bringt die Belastung zurück!

Wenn bei nicht zu reitenden Pferden oder Ponys nur Bodenarbeit angestrebt wird, dann ist die letztlich auslösende Hilfe das kleine *arrêt* am gleichseitigen Zügel, das man statt des Gertenkitzelns einsetzt. Die Übertragung von der Gertenhilfe zum *arrêt* muss gesondert geübt werden. Anfangs erreicht man vielleicht wieder nur ein ärgerliches Stampfen, doch je mehr man das Pferd für jedes Heben des Beines lobt, desto öfter wird es diese Reaktion zeigen und umso höher wird es hinauskommen.

Sobald wir das Beineheben sicher abrufen können, beginnen wir mit der Arbeit am eigentlichen Ziel: der Bewegung. Den Vorwärtsschritt erreichen wir aus der Position vor dem Pferd durch Zurückweichen unseres Körpers, dem das Pferd gewöhnlich folgt; treten wir zurück, kommt es hinterher. Dass der Blick ins Auge es davon abhalten könnte, wie gern geglaubt wird, kann ich aus meiner Erfahrung nicht bestätigen, denn wie oft schauen einem Pferde ihrerseits beim Streicheln oder auch sonst direkt in die Augen, ohne zurückzuscheuen! Wir richten den Blick ohnehin nicht auf den imponierenden Vorderhandtritt, sondern auf die Hinterhand, die den Impuls nach vorn geben muss. Sobald das Pferd das Vorderbein gehoben hat und das diagonale Hinterbein etwas entlastet, locken wir es mit uns nach vorn. In manchen Schulen wird hierzu im Team gearbeitet: Der Vortrieb wird mit Touchieren und das Beinheben vorn mit einer Zirkuslonge verstärkt. Doch erstens ist ein wirklich eingespieltes, sachkundiges Team sehr schwer aufzubauen, und zweitens sind dabei mehr Personen gefährdet, falls das Tier mal heftige Ausweichmanöver macht. Deshalb ist meine Vorgehensweise auf die Arbeit nur eines Dresseurs abgestimmt. Hierzu gehört die Position vor dem Pferd, das ich von dort gegebenenfalls zurückdrängen oder zur Seite ausweichen lassen kann, sollte es einmal einen unkontrollierten Satz machen.

Zunächst bringen wir unserem Kandidaten bei, links und danach gleich rechts die Vorderbeine zu heben, wenn wir im betreffenden Ellbogenbereich kitzeln. Dann beginnt man, einseitig in einem Intervall zu gehen: Bei jedem vierten Schritt soll das Vorderbein herausgestreckt werden – *links*, zwei, drei, vier, *links*, zwei, drei, vier ... Immer im Moment des Abfußens wird „gekitzelt".

Sind wir so weit, üben wir dasselbe rechts ein. Meinem Eindruck nach haben Pferde ein gutes Taktgefühl, wenn es um Schritte geht, aber nicht unbedingt ein Rhythmusgefühl zu Musik – die Musik wird also an das Pferd angepasst, nicht umgekehrt (weshalb jeder gute Zirkus immer noch eine Kapelle hat).

Erledigt das Pferd dies alles ganz flüssig, beginnen wir, die Schritte in die „Polka", einen ungeraden Takt, zu wechseln: *links*, zwei, drei – *rechts*, zwei, drei – *links*, zwei, drei – *rechts*, zwei, drei ...

Es dauert lange, bis das in Fleisch und Blut übergegangen ist – das mag ein Jahr und mehr erfordern! Doch erst dann können wir das Endziel dieser Lektion anvisieren: die Vorderbeinhebung Schritt für Schritt.

Die eigentliche Schwierigkeit im spanischen Schritt ist nämlich nicht das Anheben der Vorderbeine, sondern das taktreine Nachtreten der Hinterhand.

Obgleich wir vom spanischen „Schritt" reden, ist die Fußfolge hier nicht wie im Schritt, sondern ein Wechsel der Fußtritte diagonal: links vorn – rechts hinten, rechts vorn – links hinten, also vergleichbar einem starken Trab in Zeitlupe. Das macht den Pferden oft Probleme, deshalb gehen wir vorher in die „Polka" mit ihren Intervallen, damit die Tiere Zeit haben, ihre Hinterhand zu schulen. Mit der Zeit lernt das Pferd ganz von selbst, seine Hinterbeine entsprechend mitzunehmen.

In der freien Natur geht ein Pferd selbstverständlich nicht 40 Meter im spanischen Schritt. Um es zu so etwas zu bringen, müssen wir es mental motivieren und ihm vor allem geduldig zeigen, dass die gewünschte Bewegung bei regelmäßiger Fußfolge keine besondere Mühe kostet. Man übt also zunächst nur einige Tritte, bis das Pferd schließlich immer längere Distanzen zurücklegen kann.

Gerade bei den Lektionen aus der Offensive sollte man berücksichtigen, dass die Pferde auch im Kopf stark genug sein müssen, um ein ursprünglich aggressives Bewegungsmoment unter ruhigen Bedingungen und zudem noch ungewöhnlich lange durchzuhalten!

■ Auf Kitzeln am Ellbogen hebt das Pferd in der Vorwärtsbewegung ein Vorderbein. (Foto: Slawik)

Warum bringt man so etwas einem Pferd überhaupt bei?

Abgesehen davon, dass es schön aussieht, kann man mit dieser Übung sehr viel Energie transportieren: Habe ich ein heftiges Tier, kann ich ihm über den spanischen Schritt signalisieren: „Du darfst jetzt Dummheiten machen, aber nur auf mein Kommando!“ Mit diesem „Ventil“ wird es viel schneller wieder ausgeglichen sein, als wenn ich ihm die Energie austreiben und es müde machen wollte.

Es gibt Pferde, die am Putzplatz pausenlos scharren. Paraden helfen dagegen meist nur kurzfristig. Sehe ich so etwas, dann hole ich dieses Tier und lasse es seinen Bewegungsdrang im spanischen Schritt ausleben, was in solchen Momenten überdies besonders leicht gelingt. Letztlich ist das Pferd dann froh, wieder ruhig zu stehen – eine intelligente Lösung des Problems. Denn die Eruption dieser Energie schlägt irgendwann in der Reitstunde ohnehin durch, und zwar meist dann, wenn sie ganz und gar nicht willkommen ist!

Nebenbei lernt das Pferd bei dieser Übung auch, die ganze Kapazität der Schulter zu nutzen: Oft sieht man auf der Weide Pferde mit weiten, freien Gängen laufen, und der Reiter wünscht sich, dass sie diese auch unter dem Sattel zeigen. Hier bietet der spanische Schritt eine Möglichkeit, diese Anlagen auszureizen und sie unter dem Reiter zu realisieren.

Später werde ich noch darauf eingehen, dass man auch die Passage aus dem spanischen Schritt entwickeln kann, doch so weit sind wir jetzt noch nicht.

Übrigens: Man bekommt durch das Einstudieren dieser Lektionen keine Probleme in der klassischen Dressur, wenn, wie mehrfach betont, jede Übung von uns begonnen und von uns beendet wird! Dann wird das Pferd nie auf die Idee kommen, ohne Kommando in den spanischen Schritt zu fallen – es galoppiert ja auch nicht ohne die entsprechende Hilfe an. Schwierigkeiten entstehen nur, wenn schlampig, das heißt, nicht deutlich, gearbeitet wurde. ■

Zu dieser Lektion gehört zuletzt noch der spanische Gruß: Das Pferd steht auf drei Beinen und hebt einen Vorderfuß. Das ist eine einfache Übung: Man animiert es zum Heben einer Vorderhand durch Kitzeln hinter dem Ellbogen und lobt, wenn es diese Bewegung einen Augenblick hält – je länger, desto mehr. Doch ich lehre zuerst den spanischen Schritt und erst danach den spanischen Gruß, damit sich die Pferde mehr darauf konzentrieren, vorwärts zu gehen. Sonst „graben“ sie sich leicht im Stehen ein und ersparen sich die Vorwärtsbewegung. Aber auch der spanische Gruß ist seiner Natur nach eine Drohgebärde! Das sollte man nie vergessen.

Die Biomechanik des spanischen Schritts

Die Fußfolge im spanischen Schritt weicht von der normalen Fußfolge im Schritt ab, weshalb das Pferd diese neue Gangart erst langsam lernen muss, um sie koordiniert ausführen zu können.

Der normale Schritt ist ein Viertakt: Man hört auf hartem Boden vier Hufschläge, bevor sich das Bewegungsmuster wiederholt. Die Reihenfolge, in der sich die einzelnen Füße bewegen, ist gleichseitig, aber nicht gleichzeitig. Das Pferd beginnt hinten rechts, fußt dann vorn rechts ab, danach hinten links und zuletzt vorn links. Dabei sind immer mindestens zwei Beine auf dem Boden. Im Schritt bewegen sich Kopf und Hals des Pferdes in einer rhythmischen Auf-und-ab-Bewegung gleichzeitig mit den Vorderbeinen mit: Fußt ein Vorderbein ab, wird der Kopf gehoben; setzt das Vorderbein auf, wird der Kopf gesenkt. Den Rumpf des Pferdes durchläuft zusätzlich eine Seitwärtsbewegung. Beim Abfußen eines Hinterbeins hebt

Spanischer Schritt mit energischer Vorderbeinaktion. Gut erkennbar ist die diagonale Fußfolge: Das diagonale Hinterbein greift bereits nach vorne. (Foto: Slawik)

sich die Kruppe, und der Rücken wölbt sich auf; beim Auffußen senkt sich beides wieder. Die Seitwärtsbewegung entsteht dadurch, dass das Pferd seinen Schwerpunkt in dem Moment, in dem Vorder- und Hinterbein einer Seite in der Luft sind, auf die andere Seite verlagert. Optisch ist das besonders gut am Pendeln des Schweifes zu beobachten. Als Reiter spürt man diese Bewegungen am besten, wenn man sein Pferd in freiem Schritt am langen Zügel gehen lässt: Die Schenkel pendeln nun abwechselnd links und rechts an den Pferdebauch.

Beim spanischen Schritt muss das Pferd nun eine ganz andere Fußfolge wählen, um das Gleichgewicht zu halten. Nach eigenen umfangreichen Beobachtungen und nach Auskunft aus der „Real Escuela Andaluza del Arte Ecuestre“ (der Königlichen andalusischen Schule für Reitkunst) ähnelt sie eher dem Trab als dem Schritt: Im Trab fußt immer das diagonale Beinpaar gleichzeitig ab, gefolgt von einer Schwebephase. Im spanischen Schritt fußt im Idealfall das diagonale Hinterbein gleichzeitig mit dem hoch erhobenen Vorderbein ab und setzt auch gleichzeitig mit diesem wieder auf. Erst dann folgt das andere diagonale Beinpaar. Die Schwebephase fehlt natürlich.

Allerdings erreicht nicht jedes Pferd diese Vollendung der Bewegung, denn es erfordert ein hohes Maß an Gleichgewicht, den langen Zweibeinstand auf dem diagonalen Beinpaar zu meistern. Deshalb fußen viele Pferde erst nach dem Vorderbein mit dem diagonalen Hinterbein ab, um möglichst lange in der stabileren Dreibeinstütze zu verharren.

Die Biomechanik des spanischen Schritts

Der spanische Schritt ist eine Übung mit hohem gymnastischen Wert. Zum einen fördert er eine aktive Hinterhand: Da das Pferd vorn einen größeren Schritt macht, muss es auch hinten einen größeren Schritt machen. Man sieht bald, dass die Pferde beginnen, deutlicher und höher abzufußen und weiter nach vorn zu treten. So bekommen wir eine selbstständig arbeitende, fleißige Hinterhand.

Darüber hinaus schult der spanische Schritt die Schulterfreiheit und die Koordinationsfähigkeit des Pferdes, was dessen Gangvermögen insgesamt zugutekommt. Durch das hohe Ausgreifen des Vorderbeins wird die Schulter maximal angehoben und dann nach vorn gestreckt. Dabei muss der Kopf erhoben und der Rücken stabil aufgewölbt sein, denn die Schultergürtelmuskulatur, die sonst zum Tragen des Rumpfes benötigt wird, muss nun in die andere Richtung arbeiten, nämlich die Schulter anheben und nach vorn führen. Zu seiner Stabilisierung muss der Rumpf über die Rücken- und Bauchmuskulatur gut fixiert sein.

Der spanische Schritt ist gymnastisch eine sinnvolle Ergänzung zum Kompliment. Im Kompliment haben wir eine passive Dehnung der Schultergürtelmuskulatur, während die Muskeln im spanischen Schritt aktiv gefordert werden. Je langsamer und korrekter der spanische Schritt ausgeführt wird, umso mehr Koordinationsvermögen, Gleichgewicht und auch Kraft benötigt das Pferd. Um all dies zu erreichen, muss ein ausreichend langes Training absolviert werden, bei dem das Pferd nicht überfordert werden darf, damit es auch den Spaß an dieser Übung und den erhabenen Ausdruck behält.

■ Der spanische Schritt hat vielfältige positive Auswirkungen auf Muskulatur und Gangmechanik des Pferdes. Die Oberhalsmuskulatur (rot) ist aktiv, während die Brustmuskulatur (grün) gedehnt wird. (Grafik: Dr. Wolfgang Reuber)

Das Steigen

Wissenswertes

Diese Lektion ist möglicherweise gefährlich, deshalb bringe ich sie nur denen bei, die ihren Pferdeverstand so weit geschult haben, dass kein Problem daraus entsteht. Nicht wenige kommen nämlich und sagen: „Steigen kann mein Pferd schon!" In der Regel ist dies aus einem Zufall oder einer Aggression heraus entstanden – das Pferd wollte nicht in eine Pfütze treten, stieg und wurde dafür gelobt oder ähnlich ...

So soll man jedoch nicht arbeiten!

Bei mir lernt ein Pferd aus dem Verstehen heraus zu steigen, als ganz normale Übung ohne jede Angriffslust. Im spanischen Schritt hat es die Fähigkeit erworben, die Vorderbeine einmal links, einmal rechts zu heben, und beim Steigen lernt es nun, beide Vorderbeine zugleich vom Boden zu lösen. Dieser Weg wird also aus der Technik heraus entwickelt, die wir immer angewendet haben – die Weiterführung einer vorangegangenen Übung, in diesem Fall des spanischen Schritts.

Das Steigen darf jedoch nicht mit der Levade verwechselt werden, die aus der Piaffe kommt und mit dem Steigen nicht vergleichbar ist (hierzu kommen wir später noch).

Vor dieser Lektion braucht niemand Angst zu haben, wenn sie gut vorbereitet ist.

Man muss nur genau wissen, was zu tun ist und was nicht - es ist beispielsweise falsch, ein Pferd fortlaufend steigen zu lassen, denn man animiert es dadurch, sich sehr erhaben zu fühlen. Andererseits kann diese Übung gerade zur Korrektur von aggressiven Steigern eingesetzt werden, indem man ihnen erst den spanischen Schritt und danach „professionelles" Steigen beibringt und sie dann im Falle aggressiven Abhebens so lange absichtlich steigen lässt, bis ihnen die Lust dazu vergeht. Auch hier ist es besser, den Pferden so etwas anzutrainieren und sie ihren Übermut damit kontrolliert ausleben zu lassen, als sie zu strafen oder zu erschöpfen. Doch derlei ist eine Arbeit für Fortgeschrittene und Profis!

■ Hier ist alles in Ordnung: Das Pferd steigt kontrolliert auf Kommando. (Foto: Slawik)

Korrektes Steigen zu erlernen dauert lange - nicht selten bis zu zwei Jahre oder mehr. In die Höhe zu kommen, lernen die Tiere meistens relativ rasch, doch längerer Zweibeinstand ist erst möglich, wenn das Pferd die entsprechende Balance eingeübt und die Muskulatur dafür aufgebaut hat.

Pferde steigen in Freiheit manchmal spektakulär, doch dort bewirkt die Erregung in Kampf und Spiel, dass außergewöhnliche Leistungen möglich werden - die Stressreserve für Ausnahmesituationen, die wir im ruhigen Training nicht bekommen und nicht haben wollen.

Als Leiter einer Hengststation sah ich bei 40 Junghengsten im Dominanzgerangel jede Menge spontaner Steigebewegungen in allen Varianten, die sich in der Halle beim Training niemals hätten wiederholen lassen. Auch ein sehr unsportlicher Mensch kann in Extremsituationen Ausnahmeleistungen zustande bringen, doch eben nicht gezielt und abrufbar wie ein Athlet. Und wir wollen ein athletisches Pferd ausbilden, keinen Gelegenheitsartisten.

Vor allem Hengste und Wallache steigen häufig im spielerischen Kampf. (Foto: Slawik)

Im Zirkus sieht man im Steigen bisweilen sogar ein Laufen auf der Hinterhand, was ganz spezielle Trainingsmethoden erfordert, denn aus Sicherheitsgründen wollen wir eigentlich jede Vorwärtsbewegung im Steigen verhindern (siehe unten). Andererseits wird ein Pferd, das seinem Trainer vertraut und ihm ohnehin gern folgt, dies vielleicht auch im Zweibeinstand anbieten, was bei entsprechenden Sicherheitsvorkehrungen und viel Sachverstand zu einem Gehen auf der Hinterhand ausgebaut werden kann. Doch so etwas ist dann ein „Sonderangebot" – man kann kein Pferd dazu bringen, wenn es das nicht von selbst offeriert.

Geht ein Pferd während des Steigens spontan vorwärts, ist stets sorgfältig zu prüfen, ob sich darin ein Dominanzanspruch äußert,indem sich das Tier buchstäblich über den Menschen erhebt, oder ob es sich um eine harmlose Ausgleichsbewegung handelt, die sehr ungeübten Tieren die Balance erleichtert. Erkennbar ist der Unterschied daran, dass ein Tier, das nur sein Gleichgewicht zu halten versucht, nicht von sich aus erneut oder lange steigen würde – im Gegensatz zu einem, das dominieren möchte.

Sollte es sich um ein Aggressionsgebaren des Pferdes handeln, dann müssen sogleich Defensivübungen wie Rückwärtsrichten, Kompliment oder Knien eingeschoben werden, damit die Weisungsverhältnisse eindeutig bleiben.

Versuchen Sie niemals, das Pferd während des Steigens zum Laufen auf den Hinterbeinen zu provozieren. Das wäre dann keine Lektion mehr, sondern ein Angriff, der böse Folgen haben kann.

Übrigens ist es nicht leichter, einem Hengst das Steigen beizubringen, als einer Stute oder einem Wallach.

■ Nur ein routiniertes Pferd darf beim Steigen ausgebunden werden! (Foto: Slawik)

Es mögen zwar bei den männlichen Tieren gewisse Impuls- und Kraftvorteile liegen, doch es spielen noch so viele andere Anlagen hinein, dass im gezielten Training nicht die Geschlechtseigenschaften von ausschlaggebender Bedeutung sind, sondern der jeweilige Gesamtzustand des Tieres. Ebenso wäre es ein Missverständnis, wenn man die Bereitschaft des Hengstes zum Aufspringen auf die Stute als Bahnung für unsere Lektion auffassen würde – wir betreiben hier Gymnastik, nicht Zucht!

Man hört manchmal von Zirkuspferden, die sich beim Steigen nach hinten überschlagen hätten – das ist bei mir glücklicherweise noch nie vorge-

■ Für das Steigen unter dem Reiter bedarf es einer stabilen Vertrauensbasis. (Foto: Leitner)

kommen, doch passieren könnte so etwas, wenn man die Pferde zu eng ausbindet, was in unserem Training ohnehin nicht vorgesehen ist – der Ausbindezügel ist nur etwas für fertig ausgebildete Showpferde, der besseren Ausformung und einem gleichmäßigen Erscheinungsbild wegen.

Zum Lernen unserer Lektionen binden wir kein Pferd aus! Das Pferd braucht beim Steigen seinen Hals als Balancierstange, vor allem dann, wenn es noch unerfahren in dieser Bewegung ist. Ausgebunden sind Ausgleichsbewegungen bei Gleichgewichtsproblemen kaum möglich.

Ablauf

Anders als bisher brauchen wir bei der Lektion „Steigen“ zwei Hilfspersonen, die in genügendem Abstand links und rechts das Pferd an Longen halten. Denn ein Vorwärtsspringen soll unbedingt verhindert werden. Der Dresseur steht bei dieser Übung ja vor dem Pferd und wäre extrem den Vorderhufen ausgesetzt, die von oben auf ihn treffen könnten. Die Idee eines Vorwärts-Steigens darf also gar nicht erst in das Pferdehirn kommen!

Ratsam sind in jedem Fall sorgsame Sicherheitsvorkehrungen, und alle Beteiligten sollten einen Reithelm tragen! Auch arglose Ausgleichsbewegungen des Pferdes können zu unerwarteten Schlenkern führen, die den Trainer oder Umstehende treffen.

Den „Weg nach oben“ kommandiert die Gerte, die der Dresseur vor dem Pferd erhebt, gegebenenfalls mit dem Stimmbefehl „Hoch!“ (nicht „Auf!“, denn das war für das Erheben aus dem Kompliment oder dem Liegen reserviert). Eine oder auch zwei Gerten imponieren hier als Verlängerungen der Arme und schaffen einen Sicherheitsabstand zu den Vorderhufen. Zumal wenn man das Steigen mehrerer Pferde zugleich als Freidressur vorführen möchte – es ist schon ein Erlebnis, wenn acht oder mehr große Vierbeiner sich vor uns zum Zweibeiner aufrichten! Doch dazu braucht es unbedingt eine Sicherheitsdistanz durch die lange Gerte in der Hand des Dresseurs.

Auch unter dem Reiter kann man das Steigen vorführen. Dazu muss dieser selbstverständlich so sicher im Sattel sitzen, dass er die Füße aus den Steigbügeln nehmen kann, ohne abzurutschen. Oder er sitzt direkt auf dem blanken Pferderücken. Das Kommando zum Steigen gibt in der Regel nicht der Reiter, sondern der Dresseur von unten. Nur selten gelingt es, das Steigen auch allein aus dem Sattel heraus abzurufen; dazu bedarf es einer langjährigen, stabilen Beziehung zwischen Reiter und Pferd.

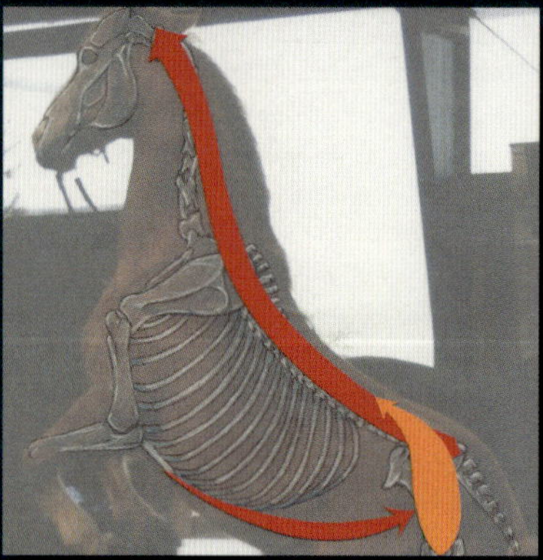

Die Biomechanik des Steigens

Das Steigen, also der Zweibeinstand auf der Hinterhand, ist beim Pferd relativ häufig zu beobachten. Vor allem junge Hengste im Gerangel oder ältere im echten Kampf erheben sich auf die Hinterhand, um mit der Vorhand ausschlagen zu können. Diese Verhaltensweise sieht man bei anderen Haussäugetieren nicht so oft. Allerdings zeigen sie fast alle männlichen Säugetiere bei der Paarung (Ausnahme: Lamas, sie legen sich dazu hin).

Das gezielte Steigen ist eine Übung, die zwar viel Kraft und Koordination vom Pferd verlangt, die es aber aufgrund seiner Anatomie problemlos bewältigen kann. Ein Rind würde man wahrscheinlich auch mit viel Übung und Geduld nicht zum Steigen bringen, da es aufgrund seiner erheblich schwächer ausgebildeten Lendenmuskulatur dazu nicht in der Lage wäre (der kleine Sprung zum Deckakt geht nicht so hoch hinaus und bedarf auch keiner eigenständigen Balance).

Durch ein ruckartiges Anheben des Kopfes und des Halses wird das Steigen eingeleitet. Der Schwerpunkt wird dabei nach hinten verlagert, und die Vorderbeine stoßen sich vom Boden ab. Dieser Teil ist noch mit Schwung zu erledigen. Will oder soll das Pferd aber höher hinaus und dort verharren, muss der lange Rückenmuskel *(M. longissimus dorsi)* in Zusammenarbeit mit der Bauch- und der Kruppenmuskulatur die Vorhand in der Luft halten. Die Hinterhand trägt nun das vollständige Gewicht, was sie nicht gewohnt ist. Die Muskulatur der Hinterhand ist vollständig aktiv, damit die Gelenke mehr oder weniger gestreckt gehalten werden können und das Pferd nicht einfach zusammensackt wie ein Klappstuhl, mit dem man versucht, auf zwei Beinen zu stehen. Dies kostet viel Kraft, die langsam antrainiert werden muss.

Auch das Gleichgewicht muss geschult werden, um den Zweibeinstand länger durchhalten zu können. In der Regel stehen die Pferde nicht ruhig auf zwei Beinen wie bei der Levade, sondern machen Ausgleichsbewegungen, indem sie mit der Hinterhand vor und zurück treten. Auch ein Rudern mit den Vorderbeinen wird als Balancierhilfe beobachtet.

Zu bedenken ist, dass Pferde sich in der Natur meist nicht statisch auf einer Stelle erheben, sondern dass das Steigen Teil einer fortlaufenden Bewegung ist – nur selten müssen sie sich deshalb länger hoch aufgerichtet auf den Hinterbeinen halten. Die sehr kräftig ausgebildete Becken-Oberschenkelmuskulatur erlaubt den Zweibeinstand bei einem trainierten Pferd zwar durchaus, doch pflanzt sich die ungewohnte Haltearbeit über die lange Rücken- und Bauchmuskulatur fort (siehe Abbildung), weshalb auch diese gut vorbereitet sein muss. Wird sie durch zu langes Stehen auf der Hinterhand überfordert, kann das beim Reiten zu Problemen in Bezug auf Stellung, Biegung und Losgelassenheit führen.

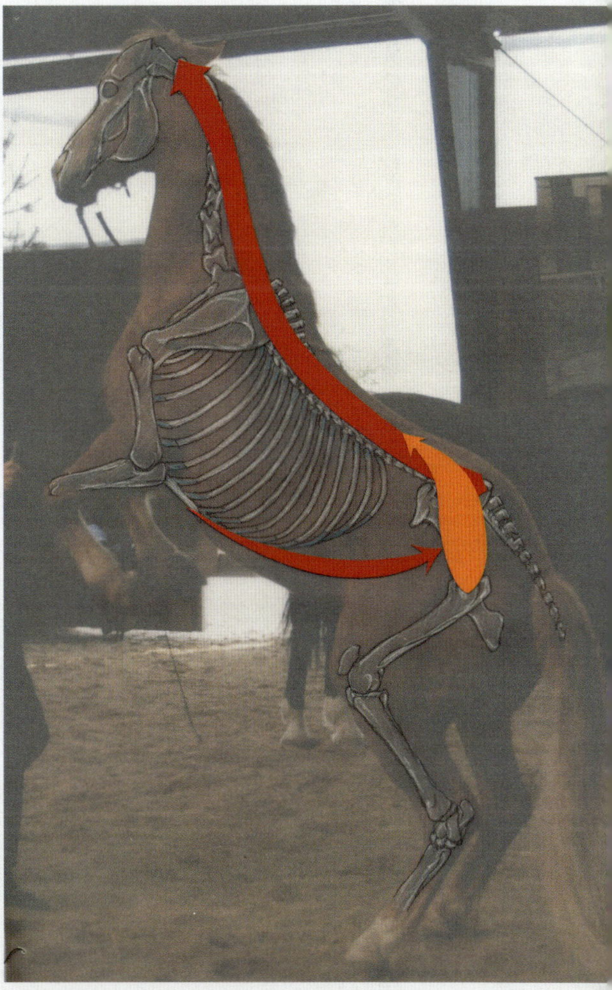

Das kontrollierte Steigen verlangt vom Pferd viel Kraft und Koordination. (Grafik: Dr. Wolfgang Reuber)

Die Piaffe

Wissenswertes

„Piaffe“ stammt aus dem französischen piaffement, piaffer und bedeutet „stampfen“, „auf der Stelle treten“ (ältere Bedeutung: großtun, prunken, sich stolz gebärden). Als Vorführnummer ist sie ein Kind der Kunstreiterei im frühen Zirkus, und als Lektion meint „piaffieren“ schlicht „traben auf der Stelle“.

Man sieht Piaffen häufig auch natürlicherweise als Ausdruck der Erregung in Konflikten, aber ebenso aus einfacher Lebensfreude. Ich habe lange im Deckgeschäft gearbeitet und sah die Hengste auf dem Weg zur Stute immer wieder piaffieren. Ja, sogar Fohlen tänzeln schon im Spiel.

Im Sport gilt eine Piaffe mit geringer Vorwärtstendenz als noch korrekt, um ihr nicht den Schwung zu nehmen, doch die Idealvorstellung der Kunstreiterei ist letztlich das Traben auf der Stelle. Im Training sieht man das frei-

■ Aus der Erregung heraus piaffieren Pferde manchmal auch von sich aus – hier in perfekter Manier. (Foto: Slawik)

■ Die Piaffe unter dem Reiter (Foto: Slawik)

lich etwas pragmatischer: „An Sonn- und Feiertagen piaffiert man im Stand, werktags geht's vorwärts." Ja, es gibt Situationen, in denen das Pferd sogar rückwärts piaffiert - ebenfalls eine ursprünglich sehr natürliche Bewegung in Imponiertänzeleien -, und auch das wurde schon zu Schauzwecken antrainiert. Doch die korrekte Piaffe will man am Ort und tief gesetzt sehen. Sie gilt als die schwerste Lektion überhaupt, in anspruchsvollen Wettbewerben scheiden sich daran die Geister.

Auch wenn es wegen der oben genannten natürlichen Anlagen etwas leichter ist, Hengsten das gezielte Piaffieren beizubringen, so gelingt es doch genauso gut bei Stuten und Wallachen. Denn das Rangeln um die besten Plätze ist allen Pferden naturgegeben, und in diesen Rahmen gehört auch das imponierende Treten im Stand. Allerdings kann bei Stuten die Motivation allgemein mit dem biologischen Geschlechtszyklus schwanken. Das gilt nicht nur für die Piaffe, sondern auch für andere Lektionen. Ist ein Hengst begriffsstutzig, dann ist er es meist 365 Tage im Jahr, eine Stute dagegen ist es oft besonders in der Rosse. Man muss das hinnehmen und entsprechend im Training berücksichtigen.

Die sogenannten „barocken" Pferderassen gelten manchmal als besonders prädestiniert für die Piaffe, weil ihnen die Versammlung aufgrund ihres Körperbaus leichter fällt, doch kann man diese Übung ebenso gut auch Pferden anderer Rassen beibringen. Es mag allenfalls sein, dass Lipizzaner, Friesen oder Andalusier dabei ein eindrucksvolleres Bild darbieten, das sie dann jedoch nicht einer besseren Ausführung, sondern nur ihrer angeborenen Gestalt verdanken.

Doch ganz gleich, welcher Rasse das Pferd angehört: Solche schwierigen Lektionen wie die Piaffe kann man erst mit einem Tier beginnen, das ihnen in Bezug auf Kraft und Gleichgewicht gewachsen ist und bereits gelernt hat, korrekt an den Hilfen zu stehen.

Ein genaues Mindestalter lässt sich dafür nicht nennen, doch werden Dreijährige in aller Regel noch nicht so weit sein, und das „Stressgdächtnis" für unangenehme Erfahrungen kann ein zu junges Pferd lebenslang dafür verderben, weil man mit ihm nicht mehr zu einer unverkrampften, freiwilligen Haltung findet. Mit einem gut angerittenen Fünfjährigen hingegen lassen sich solche Übungen beginnen, auch, um die fertige Lektion dann in einem Alter vorführen zu können, in dem das Pferd seinen Leistungsgipfel erreicht. Es ist freilich immer wichtig, sich für diese schwere Aufgabe viel Zeit zu nehmen! Wochen und Monate darf es mindestens kosten, denn wir kommen hier zu den „hohen" Reitkünsten, die man nicht von heute auf morgen erlernen kann.

Ablauf

In der Spanischen Hofreitschule in Wien und ähnlichen „klassischen" Ausbildungsplätzen sieht man in der Hallenmitte noch „Pilaren" - frei stehende parallele Pfosten, zwischen denen das Pferd zur Schulung der Piaffe und anderer Standlektionen eingebunden wird. Doch wenn ein Pferd nun in den Pilaren etwas missversteht, gerät es unter Stress, weil es am Fliehen gehindert ist, und es wird diese Lektion für immer als unangenehm erinnern (siehe „Stressgedächtnis“). Ich stelle das Ausbildungspferd deshalb lieber an eine Bande, halte es am Zügel fest und lasse ihm dabei eine gewisse Freiheit, nach vorn auszuweichen, während eine Hilfsperson von hinten touchiert (man kann das mit langer Gerte auch allein tun, aber nicht so gezielt). Der vertraute Trainer sollte am Kopf stehen, weil es fast das Schwierigste an dieser Übung ist, das richtige Maß von Halten und Freigeben zu finden – es erfordert viel Einfühlungsvermögen, das Pferd am Platz zu bewahren, ohne dass es sich festmacht! Denn eine Piaffe, bei der das Pferd voll auf die Zügelhand drückt, ist keine Piaffe!

Die praktische Arbeit beginnt wieder mit dem Füßeheben – unserer allerersten Lektion. Die Pferde haben inzwischen (hoffentlich) gelernt, dass sie jenes Vorderbein heben sollen, das mit der Gerte touchiert wird. Jetzt lernen sie hinzu, dass sie auch das entsprechende Hinterbein heben sollen, und zwar im Takt, den wir durch Schnalzen akustisch vorgeben. Nun sieht das simpel aus, ist es aber nicht! Jeder, der Piaffe zu trainieren beginnt, ist gut beraten, wenn er das sehr vorsichtig angeht. Allzu schnell kann ein unvorsichtiger Dresseur sonst unfreiwillig „die Nägel im Hufeisen zählen“ – er kann durch ärgerliches Ausschlagen seines Pferdes schwer verletzt werden! Ihrer Natur folgend, keilen Pfer-

■ Schöne Piaffe mit aufgewölbtem Rücken. Ein geübter Trainer kann gleichzeitig vorne halten und hinten touchieren. (Foto: Slawik)

Mit Reiter auf dem Rücken ist die Piaffe für das Pferd anstrengender. (Foto: Slawik)

de mit der Hinterhand aus, wenn sie von anderen hinterrücks angegangen werden. Was wir hier mit der Gerte tun, ist eine ähnliche Provokation. Allerdings durchaus mit Absicht: Wir wollen ja nicht nur das Heben der Beine üben, sondern die Tiere auch in eine gewisse Stimmung versetzen, die sie ihre Kräfte versammeln und konzentrieren lässt.

Hier wird indes oft der Fehler gemacht, dass zu schnell und mit zu viel Druck auf das Pferd losgegangen wird! Zunächst wollen wir ja nichts weiter erreichen, als dass unser Pferd auf Touchieren die Beine hebt. Wenn das zur Gewohnheit geworden ist und nicht mehr als Angriff gewertet wird, gehen wir dazu über, im Takt zu touchieren, bis man sogenannte „halbe Tritte“ bekommt: Damit ist diagonales Heben von Hinter- und Vorderbeinen gemeint, also eine erkennbare Reaktion in Richtung Piaffe. Dies wird dann sogleich überschwänglich gelobt (gern auch dadurch, dass wir die Übung für heute beenden, was Pferden – wir sagten es schon – die höchste Belohnung ist).

Die konzentrierte Versammlung streben wir an, damit das Pferd in der Piaffe vom Boden abfedert. Das erfordert viel Kraft und Geschlossenheit.

Ein gut trainiertes, ausgewogenes Dressurpferd erkennt man daran, dass es die Piaffe vorn und hinten hoch tritt, nicht nur mit der Sohle des Hinterhufes nach rückwärts.

Bisweilen gelingt die Übung auch zu Beginn schon mit einem leichten Reiter im Sattel, der das Pferd nach vorn mit dem Zügel begrenzt, während jemand anders systematisch im Takt die Hinterhand touchiert. Jedoch kommt hier das Gewicht des Menschen hinzu, weshalb sich das Tier letztlich in reiner Bodenarbeit leichter tut.

Ist die Lektion auf diese Weise gut eingeübt, kann der Reiter aufsteigen. Er gewöhnt das Pferd an entsprechende Hilfen, indem er seine Knie öffnet und zurücklegt. Dabei kommen seine Waden ans Pferd, und sein Oberkörper geht entlastend nach vorn, sodass das Pferd quasi „unter ihm hindurchgehen" kann. Es wäre ein grober Fehler, sich schwer in den Pferderücken zu setzen und zu glauben, dass das Pferd einen hochhebt und dann noch piaffiert! Oft funktioniert die Piaffe deshalb nicht, weil man zu viel „Kreuz" einsetzt – leider sieht man so etwas trotzdem! Nein, wir erleichtern dem Pferd seine Arbeit, indem wir als Reiter die Knie lösen und seinen Rücken entlasten, damit die Kraft von hinten nach vorn durchfließen kann.

Einen zu geringen Hinterhandschub erkennt man als Reiter übrigens daran, dass man viel Gewicht auf dem Zügel spürt.

■ Keine Frage von Rasse und Größe: Auch ein Shetlandpony kann die Piaffe erlernen. (Foto: Leitner)

Die Biomechanik der Piaffe

Die Piaffe ist ein stark gesetzter Trab auf der Stelle. Dabei soll die Fußfolge des Trabes, mit seinem Zweitakt und natürlich der Schwebephase, unbedingt erhalten bleiben. Gleichzeitig ist ein vermehrtes Untertreten der Hinterhand bei deutlicher Hankenbeugung erwünscht, sodass die Vorhand sich zu erhabenen Tritten heben kann, die den Unterarm des Pferdes bis an die Waagerechte bringen.

Der Begriff der Hankenbeugung wird in der Reiterei immer wieder diskutiert. Gemeint ist die Beugung der großen Gelenke der Hinterhand: Hüftgelenk, Kniegelenk und Sprunggelenk. Das Sprunggelenk muss unbedingt dazugerechnet werden, da es, wie bereits gesagt, fest mit dem Kniegelenk gekoppelt ist und sich immer gleichsinnig mit diesem bewegt (Spannsägenkonstruktion). Eine vermehrte Hankenbeugung bedeutet also eine stärkere Beugung der drei Gelenke und damit verbunden ein Absenken der Kruppe. Dadurch behält das Pferd in der Stützbeinphase eine gewisse Vorspannung in der Muskulatur, die es dazu nutzen kann, wieder kraftvoll nach oben abzufußen – ähnlich einer vorgespannten Feder. Mit dem Absenken der Kruppe wölbt sich auch der Rücken auf, der Schwerpunkt verlagert sich nach hinten, und das Pferd kann so die Vorhand frei und weit heben – die „Versammlung" ist erreicht. Sie ist nicht Selbstzweck, sondern hat vor allem den positiven Effekt, dass das Pferd in dieser Körperhaltung den Reiter besser tragen kann (siehe „Brückenkonstruktion"). Zudem wird durch die Piaffe der Ausdruck des Pferdes erhabener und sein Abfußen deutlicher und energischer, was seine Gänge insgesamt positiv beeinflusst.

Die Piaffe erfordert jedoch viel Kraft und muss langsam antrainiert werden. Zu Beginn reichen wenige Tritte! Pferden mit wenig Kraft fällt es schwer, die Hankenbeugung zu halten. Sie versuchen, das Hinterbein so weit wie möglich zu strecken. Dadurch stellen sie die Hinterhand nach hinten heraus, und man sieht von hinten die Hufunterseiten. Auch wird der Rücken nicht aufgewölbt und die Vorhand hebt sich nicht. Kurz: Die Pferde treten nur auf der Stelle und graben im Sand.

Man muss dem Pferd also Zeit lassen, die Kraft dafür zu entwickeln. Natürlich kann man bereits mit einem relativ jungen Pferd vom Boden aus mit den ersten Vorübungen zu dieser Lektion beginnen (Füße heben auf Antouchieren), aber man darf nicht erwarten, schon eine gesetzte Piaffe zu bekommen! Hat das Pferd die Piaffe jedoch mit fortgeschrittener Ausbildung korrekt erlernt und kann sie ohne Verspannungen ausführen, dann wird man merken, wie es sich selbst trägt und dass man keinerlei Gewicht auf der Zügelhand spürt. Und nur unter diesen Bedingungen hat diese Lektion die oben beschriebenen positiven Effekte!

■ In der Piaffe nimmt die Hinterhand vermehrt Last auf, die Kruppe senkt sich, die Vorhand wird leicht. (Grafik: Dr. Wolfgang Reuber)

Die Levade

Wissenswertes

Die Levade ist eine Übung der „Hohen Schule“ (ein im 17. Jahrhundert geprägter Begriff für vollendete Reitkunst) und meint das Sichaufrichten des Pferdes auf der Hinterhand. Das Wort „Levade“ ist abgeleitet aus dem französischen lever = „in die Höhe heben“, „aufrichten“, das seinerseits zurückgeht auf das lateinische levare = „aufheben“, „durch Aufheben erleichtern“. Die Übung wird bisweilen auch „Pesade“ genannt, ebenfalls ein französisches Wort für das Steigen des Pferdes und Anhalten aus dem Galopp. Es stammt aus dem älteren „posade“ vom italienischen posata = „anhalten“, was wiederum auf das lateinische pausa = „innehalten“, „Stillstand“ zurückgeht. Doch obgleich die beiden Begriffe in der Fachliteratur oft gleichbedeutend benutzt werden, zeigt der Wortstamm einen Unterschied der beiden Lektionen, der auch in älteren Darstellungen sichtbar wird: Die Pesade erscheint dort höher aufgerichtet als die Levade, so als sei sie eine Art Aufbäumen in einer plötzlich gestoppten Bewegung, während sich das Pferd in der Levade in einer Weise erhebt, die aus einer langsamen Gewichtsverlagerung an Ort und Stelle entwickelt wird.

Die höhere Aufrichtung in der Pesade erlaubt es dem Pferd, längere Zeit in dieser Haltung zu bleiben, weil es durch die gestreckte Hinterhand steiler steht und damit eher Balance als Hub zu leisten hat. Die hebende Levade bedeutet hingegen eine immense Kraftanstrengung, die nur bei entsprechend ausgebildeter Hinterhandmuskulatur überhaupt abverlangt werden kann.

Doch bevor man hiermit beginnt, sollte man sich erneut vergegenwärtigen, dass es sich auch hier um Formen des Steigens und damit des Offensivverhaltens handelt. Wer ohnehin mit einem dominanten Pferd zu kämpfen hat, sollte die Finger davon lassen, denn wir ermutigen das Tier ja geradezu, sich über uns zu erheben! Das heißt nicht, dass man die Levade nicht auch solchen Pferden beibringen könnte, denn korrekt geschulte Lektionen dürften eigentlich nie als Aggressionsventil missbraucht werden, doch man sollte sich vorher überlegen, ob man der Sache Herr bleiben wird.

Die Levade ist eine Übung für ein reifes Pferd – auch wenn es hochbegabt ist und am liebsten gleich „Männchen machen“ würde, wartet man damit, bis alle vorbereitenden Lektionen sicher sitzen und die Dominanzverhältnisse eindeutig geklärt sind!

Die Levade ist eine viel schwierigere Lektion als das bereits besprochene Steigen. Sie verlangt

■ Die Levade ist durch die geringe Aufrichtung für das Pferd ungleich anstrengender als die gestreckte Pesade.
(Fotos: Slawik)

Die Herkunft der Levade ist umstritten. Wahrscheinlich diente sie von Anfang an nur Showzwecken. (Foto: Slawik)

höchsten Versammlungsgrad, entstehend aus der Piaffe: Während die Hinterhand immer mehr untertritt, hebt die Vorhand des Pferdes fast unmerklich vom Boden ab – sie wird immer „leichter“ (siehe Wortursprung), wobei sich der Rumpf jedoch nur vergleichsweise wenig aufrichtet. „Bei dem Hankenbug ist es genügend, wenn die Zehen der Hinterhufe nur bis zur Mitte der Lende hervortreten, die Kruppe sich mäßig senkt und die Vorhand in diesem Verhältnis sich hebt; die Vorderknie beugen sich etwas und die Schienbeine legen sich ungefähr bis zu einer Linie zurück, die man sich in der Mitte zwischen einem horizontal zurückgelegten und einem senkrecht herabfallenden Unterschenkel denken kann“, heißt es dazu in B. H. von Holleuffers *Die Bearbeitung des Reit- und Kutschpferdes* von 1896.

Manche „Barockrassen“ mit kurzem Rücken und nicht zu langen Beinen scheinen für die Levade vom Körperbau her geradezu prädestiniert, weswegen sie oft mit ihnen gezeigt wird. Doch entscheidend ist neben der Kraft vor allem die spontane Bereitschaft des Tieres, sich aus tiefer Hinterhand vorn zu erheben – gleichgültig, welcher Rasse es angehört! Man sieht solche Ansätze häufig schon aus Übermut bei der Arbeit zur Piaffe und kann bei entsprechender

Kondition nach korrekt ausgeführtem Piaffieren auch diese Lektion ins Auge fassen. Freilich wird man sie einem Dressursportpferd dann nicht beibringen wollen, um nicht zu riskieren, dass es in einem Wettbewerb unbeabsichtigt leviert (beispielsweise während der Piaffe). Andererseits vertrete ich grundsätzlich die Meinung, dass alles, was ordentlich gelernt ist, dem Pferd auch nicht durcheinandergerät. Das erfordert jedoch ein sehr, sehr genaues Arbeiten! Denn wie in Goethes *Zauberlehrling* gilt hier: Die Geister, die ich rief, die werd ich nicht mehr los.

Die Levade ist nur in gewissem Sinn eine „Zirkuslektion" - sie gehörte und gehört zwar oft zum Zirkusprogramm, ist jedoch, wie oben bereits angemerkt, ebenso Teil der Hohen Schule über der Erde. „Über der Erde" bedeutet einfach, dass das Pferd hier teilweise oder ganz vom Boden abhebt. Man liest in diesem Zusammenhang hin und wieder Spekulationen über angebliche Ursprünge solcher Lektionen aus dem berittenen Kampf, in dem Steigen und Sprünge mit Auskeilen (Kapriole, Courbette) als Waffe eingesetzt worden seien. Doch die Heerführer, die solche Kunststückchen beherrschten, standen meist abseits und geharnischt (also mit der Gefahr erheblichen Blechschadens beim Sturz!) auf erhöhtem Posten am Rande des Schlachtfeldes und hätten zudem dem Angreifer kaum die verletzliche Bauchseite ihres Rosses dargeboten. So handelte es sich wohl von Anfang an eher um Schaustücke von Kavalieren, die damit imponieren wollten, also um Vorläufer der heutigen Showreiterei. Allerdings hat man in der Kavallerieausbildung zu Beginn des 20. Jahrhunderts das Steigen und Sprünge über der Erde eingesetzt, um zu prüfen, ob der Rekrut fest im Sattel saß (etwa im berühmten „Cadre Noir" in Saumur/Frankreich). Die Gebrauchsreiterei, auch die der spanischen Vaqueros, konnte mit derlei Kunststückchen zwar nichts anfangen, doch auf den Ferias in Andalusien machte man damit viel her, und so kam es wohl zu dem Mythos einer „Spanischen Reitschule" mit ihren typischen Glanzstücken, die man heute allgemein auch mit dem „Zirkuspferd" verbindet.

■ In Freiheit sieht man manchmal Ansätze einer Levade im Hengstkampf. (Foto: Slawik)

Schon in den historischen Reitlehren wurden all diese Lektionen jedoch aus dem natürlichen Verhaltensrepertoire der Tiere abgeleitet, waren also nicht nur aufgesetzter Firlefanz prunksüchtiger Menschen! Und die Levade sieht man in freier Wildbahn gar nicht so selten beim Rivalengeplänkel - oft kurz vor einem Abdrehen in die Flucht. Nun wollen wir solche Bewegungsmuster aber gezielt abrufen können.

Ablauf

Zunächst müssen wir unser Pferd dazu in eine entsprechende Stimmung bringen, wobei der Dresseur unbedingt stets die Oberhand behält. Wie in der vorbereitenden Piaffe arbeitet man auch hier am besten mit einem geschulten Mitarbeiter zunächst vom Boden aus. An der Bande übernimmt der Helfer (der genauestens wissen muss, was er tut!) die Zügelführung und gegebenenfalls auch das Touchieren der Vorhand, während der Ausbilder an der Hinterhand agiert, wobei es sich bewährt hat, zusätzlich eine leichte Longe oder einen langen Zügel außen in Kappzaum oder Trensenring einzuhängen (ein Kappzaum schont das empfindliche Pferdemaul). Der Ausbilder führt diesen von hinten, um ein Ausweichen zur Bahnmitte zu begrenzen. Ausbindezügel sollten, wenn überhaupt, nicht kurz geschnallt werden und eine Sollbruchstelle enthalten (Gummiring, Bindfaden, Plastikhaken), damit sich ein so eingeengtes Pferd in der Erregung nicht rückwärts überschlägt, sondern den Hals zur Balance frei bekommt.

Man beginnt die Lektion, indem man das Pferd von hinten nachtouchiert, sodass es sein Gewicht vermehrt auf die Hinterhand verlagert, während der Helfer es vorn an Ort und Stelle hält. Das ergibt zu Anfang oft eine Art „Grätsche" der Hinterhand, weil die meisten Pferde diese Spreizung brauchen, um sich in der Levade halten zu können. Ist man so weit, geht der Vordermann ein wenig in die Knie und hebt im Aufrichten seine Hand, um das Pferd zum Abheben zu animieren.

Jeder kleine Ansatz zum Levieren wird gelobt!

Da es sich hier um eine große Kraftleistung handelt, hört man zunächst nach wenigen Wiederholungen auf.

Erneut bewährt es sich, einige Zeit verstreichen zu lassen, bevor man die Lektion wieder aufgreift (das dürfen auch ein bis zwei Wochen sein), denn in dieser „Bedenkzeit" festigt sich das Gelernte oft überraschend. Da das Levade-Pferd schon fortgeschritten ist, gehe ich zu anderen Übungen weiter, wobei grundsätzlich jede Lektion aus dem Offensivrepertoire mit einer Defensivlektion (Rückwärtsrichten, Kompliment) beendet wird, um die Rangordnungsverhältnisse zu festigen.

Erst wenn die Levade in der Bodenarbeit sicher und bereitwillig geboten wird und die muskuläre Kondition des Tieres ausreicht, kann sie auch unter dem Reiter ausgeführt werden. In der klassischen Schule sitzt man dazu ohne Steigbügel tief im Sattel und bleibt einfach in der Balance, ohne das Pferd zu gängeln. Damit ist der höchste Grad der Versammlung erreicht.

Die Biomechanik der Levade

Die Levade, die höchste Form der Versammlung, ist eine extrem anstrengende Lektion. Das Pferd erhebt seinen Rumpf langsam auf die stark angewinkelten Hinterbeine, indem es das Gewicht zunehmend nach hinten verlagert, bis die Vorhand vom Boden abhebt und angezogen werden kann. Der Rumpf befindet sich dann in einem Winkel von 30 bis 35 Grad zum Boden.

Beim Steigen kann das Pferd sich mit der Vorhand vom Boden abstoßen und durch Hochreißen des Kopfes Schwung holen. Nicht so bei der Levade: Durch die starke Hankenbeugung (Beugung aller großen Gelenke der Hinterhand) senkt sich die Kruppe, und das Pferd kann die Hinterhand weit unter den Schwerpunkt schieben. Der lange Rückenmuskel, die Kruppenmuskulatur (vor allem der *M. glutaeus medius* mit seiner Lendenzacke) und auch die Bauchmuskulatur heben den Rumpf an und halten ihn in dieser Position. Da die Gelenke der Hinterhand (Hüftgelenk, Kniegelenk und Sprunggelenk) im Gegensatz zum Steigen in einer deutlichen Beugehaltung verharren und das Pferd auch nicht die Möglichkeit hat, durch Hin-und-her-Treten die Balance zu halten, müssen die gesamten Muskeln der Hinterhand eine enorme Haltearbeit leisten. Man versuche nur einmal, mit halb gebeugten Knien längere Zeit ruhig auf den Zehenspitzen zu stehen! Man wird dann vor allem seinen Oberschenkel zu spüren bekommen. Dort befindet sich auch beim Pferd der sehr starke *M. quadriceps femoris* (vierköpfiger Kniegelenksstrecker). Wie sein Name schon sagt, ist er normalerweise für die Streckung des Kniegelenkes zuständig und leistet somit einen großen Beitrag zum Vorwärtsschub in der Bewegung. In der Levade sorgt er jedoch zusammen mit den anderen Muskeln der Hinterhand dafür, dass sich das Knie nicht komplett beugt, dass das Pferd also nicht zusammenbricht.

Mit dieser Lektion schult man das Koordinationsvermögen und die Balance des Pferdes. Zusätzlich werden jene Muskeln trainiert, die für den schwungvollen Vorschub und die Stabilität verantwortlich sind. Natürlich ist dies keine geeignete Lektion, um bei einem untrainierten Pferd diese Muskulatur aufzubauen; vielmehr soll sie deren Leistung bei einem bereits gut ausgebildeten Tier weiter verbessern.

Im Übrigen ähnelt die Levade dem Moment des Absprungs vor einem Hindernis. Auch das Springpferd setzt mit stark angewinkelten Gelenken beide Hinterbeine ein, um sich vom Boden abzudrücken. Diese wirken wie eine vorgespannte Feder, die aufspringt, wenn man sie loslässt. Nichts anderes passiert auch bei den sogenannten Schulsprüngen, in denen sich das Pferd ohne Hindernis in die Luft erhebt (Schule über der Erde).

Das Halten der tiefen Hankenbeugung erfordert vom Pferd enorm viel Kraft. (Grafik: Dr. Wolfgang Reuber)

Die Passage

Wissenswertes

Auch die Passage ist keine reine „Zirkuslektion"; sie gehört heute auch zum Standard schwerer Dressurprüfungen. Das französische Wort „passer" bezeichnet einen Durchgang, und ich deute dies für mich gern in dem Sinne, dass die Bewegung durch das Pferd hindurchgeht (auch wenn das wohl nicht der Ursprungswortsinn war). Denn darin zeigt sich das Kennzeichen dieser Lektion: In der Passage sehen wir einen „stolzen" Trab mit verlängerter Schwebephase, eine Bewegungswelle, die das Tier gewissermaßen „durchläuft".

In der Natur gehört dies eindeutig zum Imponiergehabe – man braucht nur einen Hengst zur Stute zu führen, dann sieht man ihn meist passagieren.

■ Das freie Pferd zeigt die Passage nicht so versammelt, aber in ebenso stolzer Aufrichtung wie das gerittene Pferd. (Fotos: Slawik)

Das Pferd fußt dabei energischer ab, es gewinnt an Ausdruck, und die Gesamtbewegung erscheint langsamer, aber mächtiger. Würde ein Pferd allerdings so gewaltig unter dem Reiter gehen, käme dieser ziemlich ins Schleudern – der Bewegungsumfang muss von uns an das Reitbare angepasst werden.

In vergangenen Epochen beherrschten nur besonders begabte Pferde diese Lektion, heute haben wir glücklicherweise so viele hoch veranlagte Züchtungen, dass man derlei oft „herausreiten" kann, indem man das Tempo im Trab zurücknimmt – es gibt inzwischen viele talentierte Pferde, die eine Passage ganz ohne Touchieren lernen, weil in ihnen genügend Bewegungspotenzial vorhanden ist.

Ablauf

Der klassische Dressurgang besteht zunächst in Bodenarbeit mit einem sachkundigen Vormann, bei der das Pferd vorn so touchiert und hinten nachgetrieben wird, dass es lernt, gewissermaßen „über ein Stöckchen zu treten" – man touchiert also nicht intensiv an seinen Beinen, sondern nur so, dass es höher tritt als gewohnt.

Es gibt indes Reitpferde, die bisher keine Bodenarbeit absolviert haben und deren Reiter sich nun mithilfe des „Zirkusdirektors" an der Passage versuchen wollen. Diese Pferde vertragen das oben beschriebene Vorgehen oft nicht, man darf sich ihnen mit der Touchiergerte nicht einmal nähern. In solchen Fällen gehe ich zunächst

■ Bei talentierten Pferden gelingt die Passage auch am langen Zügel und mit Nachtreiben von hinten. (Foto: Slawik)

Irgendwann gelingt die Passage auch mit leichten Hilfen vom Sattel aus. (Foto: Slawik)

über den spanischen Schritt, übertrage das dort gelernte Bewegungsmuster dann auf den Trab, und von dort gelingt es leichter, in die Passage zu kommen. Der spanische Schritt wird von konservativen Dressurreitern zwar manchmal verächtlich betrachtet, doch es ist mir über diesen Bewegungsablauf sehr häufig gelungen, ohne Druck eine hervorragende Passage zu erreichen. Voraussetzung dafür ist, dass der spanische Schritt am Zügel tadellos funktioniert. Eine Gefahr bei diesem Vorgehen besteht allerdings darin, dass die Pferde ihre Vorderbeine zu sehr strecken, also in den spanischen Trab – eine Art gestreckte Passage – fallen, was der Sportreiter nicht will. Andererseits mag man dieses Risiko dann eingehen, wenn es über den klassischen Weg gar nicht gelingt. Und so probiere ich es zuerst immer klassisch – findet das Pferd keinen Zugang zu der Übung, suche ich andere Wege.

Doch auch der spanische Schritt ist kein Wundermittel für die Passage; es gibt noch ganz andere Ansätze – verschiedene Wege führen hier zum Ziel! Wenn ein Pferd viel Bewegungspotenzial besitzt und man schön von hinten nachtreiben kann, lässt sich die Passage auch allein am langen Zügel oder an der Doppellonge erreichen – man nimmt diese dann so auf, dass das Pferd sich insgesamt vorn höher hebt und ein energischeres Abfußen zeigt.

Ich richte mich immer nach dem Einzelfall, ein Patentrezept habe ich nie gefunden. Wohl gibt es Richtlinien, an die man sich auch halten sollte, doch man muss sie an die realen Gegebenheiten anpassen!

Grundsätzlich gilt: Das Pferd beginnt zu passagieren, wenn es reif dafür ist; wenn es genügend Muskulatur und Bewegungsumfang hat, um sich selbst und einen Reiter zu tragen!

So etwas ist bei einem Dreijährigen selbstverständlich nicht gegeben. Und es haben reife Übungen mit viel Versammlung, wie zum Beispiel Piaffe und versammelter Trab, voranzugehen, bevor man sich an derart schwierige Lektionen wagen darf! Zwar sieht man gewisse Naturtalente, die ein Passagieren schon als Jungtier anbieten, doch wenn man das in solchem Alter aufgreift, dann „passagieren" sie später nur noch, ohne entsprechende Tragkraft in Rücken und Beinmuskulatur. In solchen Fällen hat man sich also unbedingt zu gedulden, bis alles zusammenpasst.

Reiterlich wäre es gewiss von Vorteil, wenn man auf einem voll ausgebildeten Pferd die Hilfen und Bewegungsschemata der Passage kennengelernt hätte, nur gibt es für den Freizeitreiter selten Gelegenheit dazu, denn auf diesem Ausbildungsniveau scheuen viele Pferdeeigner die Ungeschicklichkeiten des Anfängers wegen möglicher Schäden für das Tier (obgleich ein gut trainiertes Pferd sich über reiterliche Fehler leichter hinwegsetzt als eines, das selbst noch unsicher ist). Habe ich es mit einem insgesamt guten Reiter zu tun, dann gehe ich mit ihm am langen Zügel in Bodenarbeit in die Passage, wobei er aus dem Sattel nur die Vorwärtsbewegung und die Versammlung zu erhalten hat. Man sollte nie versuchen, die Passage zu „erreiten", sondern das Pferd tun lassen, was es gelernt hat, und dabei erfühlen, was unter einem vor sich geht! Irgendwann sind Pferd und Reiter an den Bewegungsrahmen dieser Lektion so gewöhnt, dass geringfügige Erinnerungshilfen genügen, um in die Passage zu gelangen.

Besonders reizvoll als Vorführlektion ist das Passagieren am langen Zügel, wofür es allerdings eines besonderen Vertrauensverhältnisses zwischen Pferd und Trainer bedarf. Der Mensch ist ja nun außer Sichtweite, und das Pferd soll, ganz auf sich gestellt und nur von Stimme und Antippen der langen Touchiergerte geleitet, vorangehen. Es braucht hierzu eine lange Vorarbeit, bis die Übung derart selbstverständlich geworden ist, dass sie dem Pferd in Fleisch und Blut überging und es ihm nichts mehr ausmacht, sie auch auf ein fernes Kommando hin auszuführen. Doch dann ist die Passage am langen Zügel eine Paradelektion, die aufgrund ihrer Erhabenheit tiefen Eindruck auch bei Laien hinterlässt.

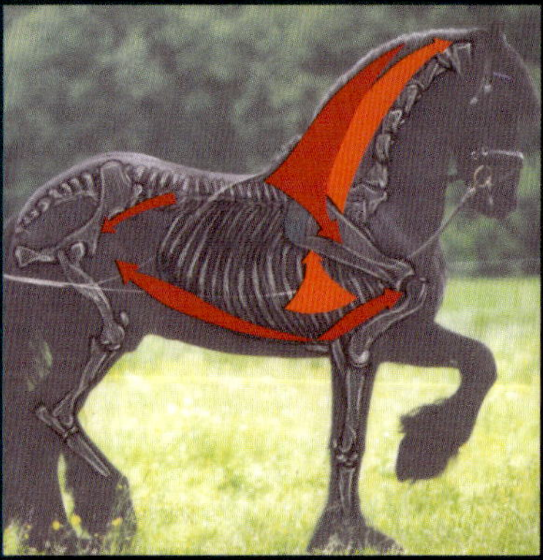

Die Biomechanik der Passage

Die Passage ist eine Trabbewegung mit wenig Raumgriff, aber höherem Abfußen und verlängerter Schwebephase. Das heißt: Das jeweils diagonale Beinpaar fußt gleichzeitig ab. Dabei soll die Hinterhand unter den Schwerpunkt treten, wenn auch nicht so weit wie bei der Piaffe, und die Vorhand soll den Unterarm möglichst bis an die Waagerechte heben.

Diese Lektion erfordert eine erhöhte Trag- und Schubkraft des Pferdes sowie eine gute Balance. Das Pferd muss mit dem auffußenden Hinterbein zunächst vermehrt Last aufnehmen, um die Vorhand für ihre hohen Tritte zu entlasten. In der nächsten Phase muss das Hinterbein den gesamten Körper vorwärts-aufwärts schieben, wobei das diagonale Vorderbein nur geringfügig mithelfen kann. Dieser Schub muss so kräftig sein, dass das Pferd scheinbar in der Luft verharrt, um dann mit dem anderen diagonalen

Beinpaar federnd wieder aufzufußen. Das kraftvolle Abfußen erfordert gut trainierte Muskeln, vor allem in der Hinterhand. Der Rücken muss aufgewölbt sein, um den Reiter (und auch das Eigengewicht des Pferdes) tragen zu können und der Hinterhand ein entsprechendes Untertreten zu ermöglichen. Dazu bedarf es zusätzlich einer gut ausgebildeten Oberhals- und Bauchmuskulatur. Passagiert das Pferd mit weggedrücktem Rücken, kommt das Hinterbein nicht weit genug unter den Schwerpunkt, und man sieht von hinten die Hufsohlen. Bei jeder Landung nach der Schwebephase fällt das Reitergewicht in den Rücken, der dann nicht mehr weiter nachfedern kann.

Folgendes Modell soll noch einmal die Wirkung eines gut aufgewölbten Rückens verdeutlichen: Nimmt man die beiden Enden einer elastischen Reitgerte in je eine Hand und setzt sie so unter Spannung, dass sie sich nach oben aufwölbt, dann kann man diesen Bogen von oben belasten, ohne dass die Gerte Schaden nimmt – sie wird die Belastung elastisch abfangen. Gibt man der Gerte jedoch eine Wölbung nach unten (weggedrückter Rücken), dann wird bei einer Belastung von oben nicht mehr viel abgefedert, und im schlimmsten Fall bricht sie durch.

Der Pferderücken darf natürlich keinen Schaden nehmen und muss deshalb gut aufgewölbt sein. Aber nicht nur der Rücken muss das Ge-

■ Auch in der Passage muss der Pferderücken gut aufgewölbt sein. Die Schultergürtelmuskulatur fängt die schwungvolle Bewegung ab, damit die Sehnen nicht übermäßig beansprucht werden. (Grafik: Dr. Wolfgang Reuber)

wicht des Reiters abfangen; beim Auffußen werden noch weitere stoßdämpfende Mechanismen wirksam: Die Schultergürtelmuskulatur fängt das Gewicht des Rumpfes zwischen den Schulterblättern ab. Ist diese Muskulatur gut vorbereitet, dann hat sie den Rumpf zwischen den Vorderbeinen angehoben, sodass sie durch ein sanftes Nachgeben bei der Landung das Gewicht von Rumpf und Reiter abfedern kann. Ist sie jedoch schlaff und bereits maximal gedehnt (der Rumpf hängt zwischen den Vorderbeinen wie an einer Schnur am absoluten Tiefpunkt statt wie an einem starken Gummiband), dann kann sie nichts mehr abfedern, und das gesamte Gewicht muss schließlich über die Beugesehnen und den Fesseltrageapparat aufgefangen werden. Ein Muskel ist aber erheblich dehnfähiger als eine Sehne, und so dürfte die Landung nicht allzu weich ausfallen - die Gefahr einer Überbelastung der Sehnen ist gegeben. Einen Sehnenschaden bekommt man selten durch ein einmaliges akutes Ereignis, sondern meist durch eine dauerhafte Überbeanspruchung, wie sie entsteht, wenn das Pferd eine unzulänglich trainierte Muskulatur hat, die Belastungen nicht abfangen kann. Deshalb ist die systematische Gymnastizierung und Kräftigung der Muskeln des Reitpferdes von so großer Bedeutung.

In der Hinterhand kann die Stoßdämpfung zwar durch die Beugung der großen Gelenke (Hankenbeugung) realisiert werden, aber auch hier braucht es natürlich die Muskulatur, um diese Gelenke zu stabilisieren. Mehr Kraft brauchen die Muskeln jedoch, um das Gewicht wieder nach oben und vorn zu stemmen. Der Fesseltrageapparat erfährt dabei an der Hinterhand weniger Belastung als an der Vorhand, auf der auch bei einem gut gesetzten Pferd immer noch der größere Teil des Gewichts lastet.

Die trainierte Muskulatur ist aber nicht nur für die Kraftentwicklung und die Stoßdämpfung in dieser Lektion zuständig, sondern ebenso für die Balance. Durch den erhabenen und relativ langsamen Gang in der Passage verweilt das Pferd jeweils lange in der Zweibeinstütze. Diese Phase muss gut ausbalanciert werden, sonst entsteht leicht ein unerwünschtes Seitwärtsschlingern, das man als Beobachter besonders von vorne deutlich erkennt. Solche Pferde fangen ihre (zu) großen Gänge durch Ausgleichsbewegungen nach der jeweils auffußenden Seite ab. Verstärkt wird dies unter dem Reiter, weil das Pferd dann zusätzlich noch die Bewegungen des Reiters kompensieren muss, der ja den Schwerpunkt weit über den Pferderücken hinaus nach oben verschiebt. In solchen Fällen ist das Gesamttraining des Pferdes hinsichtlich einer zu verbessernden Seitwärtsstabilität zu überdenken und zu überarbeiten, bevor die Passage als Lektion wieder aufgenommen werden darf.

Die Passage ist in jedem Fall eine Lektion für das weit ausgebildete Pferd, das seine Muskulatur damit noch verfeinern und weiter trainieren, sie aber keinesfalls erst aufbauen kann.

Die Pferdeshow

In diesem Kapitel soll es um einige grundsätzliche Gedanken und Erfahrungen zu Showauftritten gehen. Wer seinen Pferden mit viel Geduld und Mühe (auf beiden Seiten) Zirkuslektionen beigebracht hat, der wird das meist nicht nur einfach so getan haben, sondern möchte bei Gelegenheit auch damit auftreten – sei es bei einer Weihnachtsfeier, einem Reiterfest oder ähnlichen Anlässen. Dann ist es nötig, die einzelnen Übungen so in ein Gesamtkonzept zu stellen, dass das Publikum auch gewahr wird, was es da zu sehen bekommt.

Mein Rat aus langjähriger Erfahrung lautet: Besser ist es, das Anspruchsniveau einen Schritt herabzustufen und das Verbleibende sicher und gut vorzuführen, als das Maximum anzustreben und womöglich zu patzen!

■ Eine harmonische Vorstellung verzaubert das Publikum. (Foto: Slawik)

Im Allgemeinen kommt in der ungewohnten Atmosphäre eines Auftritts vor Publikum nur etwa 75 Prozent von dem zustande, was man daheim erarbeitet hat. Es ist darum besser, diese drei Viertel des maximal Gekonnten sicher rüberzubringen, als beim Streben nach 100 Prozent seine Schwächen zu offenbaren! Man bewegt sich damit im sicheren Bereich – für professionelle Showreiter ist das sogar ein Muss, wenn sie noch mal gebucht werden möchten.

Dabei ist es nicht so, dass die Pferde ihre Lektionen nicht könnten; vielmehr überträgt sich das menschliche Lampenfieber auf sie, und dazu kommt die fremde Umgebung – das sollte von vornherein berücksichtigt werden. Man darf sich nicht ärgern, wenn es vor Publikum nicht so klappt wie zu Hause, oder es gar den Pferden anlasten. Die würden von sich aus keine Showauftritte machen!

Zudem gelingt das, was man mit jedem einzelnen Pferd tadellos erarbeitet hat, noch lange nicht in einer Gruppe. Wenn ich zum Beispiel fünf oder sechs Pferde, die einzeln das Kompliment perfekt ausführen, erstmals zu einem Ensemble zusammenführe, ist das Chaos meist komplett, und es braucht zusätzliches Training, bis es auch gemeinsam geht.

Dass Gruppenübungen meist nicht auf Anhieb gelingen, liegt nach meiner Meinung daran, dass jeder Dresseur es hier besonders gut machen möchte. Dadurch entsteht Anspruchsdruck, der Dresseur schießt mit seinen Kommandos übers Ziel hinaus, und das Wirrwarr wird immer größer. Pferde sind Gewohnheitstiere und lassen sich von allem Neuen erst mal aus dem Konzept bringen. Behält man die Ruhe und übt geduldig, aber konsequent, wird das, was das einzelne Tier für sich allein beherrscht, bald auch in der Gruppe funktionieren.

Mit der Zeit bin ich dahintergekommen, dass in der Show nicht immer die Spitzenleistung honoriert wird, sondern das Laienpublikum andere Erwartungen und Vorlieben hat als „Pferdeleute“. Ganz einfache Dinge können da weit mehr Effekt erzielen als die x-te Traversale, sei sie auch noch so fein ausgeführt. („Warum geht das Pferd schon wieder so schief?“) Eine sauber gerittene Quadrille oder ein eleganter spanischer Schritt kommen beim Zuschauer eigentlich immer an, während jedes hochgestochene „Will und kann nicht" auch dem Nichtfachmann auffällt.

Hier fehlt eine innere Harmonie und Stimmigkeit, die auch eingestreute Highlights nicht ersetzen können. In Showgruppen orientiert man sich deshalb immer am Schwächsten und bringt das Erreichbare dann sauber auf den Punkt – das imponiert immer.

Wichtig ist vor allem, dass der eigene Spaß an der Sache auf das Publikum überspringt. Und das tut er nur, wenn man die Dinge so gut kann, dass sie ungezwungen funktionieren.

Man ist dann entspannt und kann dem Publikum die eigene Freude daran übermitteln – Leichtigkeit in der Ausführung ist allemal sinnlicher als verbissene Perfektion!

So behalten Zuschauer oft im Gedächtnis, dass ein Pferd durch Nicken oder Kopfschütteln „Ja" oder „Nein" gesagt hat – leicht anzudressierende Spielereien –, aber sie nehmen kaum wahr, wenn es piaffiert. Schon die Unterscheidung der Gangarten fällt dem Unkundigen schwer, und Galoppwechsel oder spezielle Trittfolgen entgehen den meisten. Damit hat man sich abzufinden. Show muss vor allem Faszination verbreiten, nicht nur beim Sachkundigen, sondern auch bei dessen Oma und Enkel.

Für einen Auftritt sollte man nur solche Lektionen auswählen, die Pferd und Trainer sicher beherrschen. (Foto: Slawik)

In der Show sollte vor allem die Leistung des Pferdes im Mittelpunkt stehen und nicht irgendwelche Effekte. (Foto: Slawik)

Dazu gibt es eine allzu oft vergessene Grundregel: lächeln! Es klingt zwar denkbar simpel, aber wer mit versteinerter Miene auf seinem Ross sitzt, macht nun mal den Eindruck von Gezwungenheit, nicht von Können. Und so ist ein Lächeln zuletzt wichtiger als der viele Klimbim, mit dem Shows heute garniert werden. Mir persönlich lenken allzu prächtige Beleuchtungs- und Kostümeffekte zu sehr von den Pferden ab. Schöne Kostüme und eine nicht alltägliche Atmosphäre dürfen gewiss nicht fehlen, doch sie sollen nicht übertönen, was den eigentlichen Anlass für die Vorstellung gibt: das Pferd und seine Künste! Schwebt eine Artistin an einem Seil zu ihm durch die Lüfte herab wie eine Fee, dann hat das mit Dressurleistung nichts zu tun, und das Pferd ist zum bloßen Beiwerk degradiert. Von einer Horseshow sollte man erwarten, dass einem die Bewegungsvielfalt und Intelligenz des Pferdes präsentiert werden; dass man staunend miterlebt, was die Tiere zu leisten imstande sind. Und dazu müssen die Lektionen eben sitzen, nicht nur angedeutet, sondern klar - so klar, dass man dabei lächeln kann. Beim Dorffest oder Reiterfasching braucht es nicht die letzte Perfektion, aber auch dort sollte das Vorgeführte mühelos und zwanglos über die Bühne gehen, sonst ist es noch zu früh dafür.

Und so heißt es: geduldig üben! Am besten unter wechselnden äußeren Bedingungen, denn die Konstellation bei der Vorführung ist auch immer eine Ausnahmesituation. Wir bieten unseren Showpferden deshalb ständig neue Trainingsbedingungen an - auch mal im Dunkeln oder unter vielen Leuten. Ausnahme: Manche Pferde merken sich, welche Lektion zu welchem Musikstück gehört - hier also nicht variieren!

Entscheidend ist indes, dass es gelingt, die Aufmerksamkeit des Pferdes beim Dresseur zu binden: Er ist in der Fremde der psychische Halt, der „Fels in der Brandung“, er ist der gewohnte „Stallgeruch“, dem das Tier vertraut und ihm im unbekannten Terrain Sicherheit vermittelt.

Stress setzt das Feingefühl herab, und wenn das Pferd vor lauter Erregung den Menschen nicht mehr wahrnimmt, kann keine Zusammenarbeit gelingen. Das Zirkuspferd, dessen Zuhause mit ihm wandert, hat diesen Stress nicht, es ist immer daheim, egal, wohin man zieht. Das Showpferd hingegen braucht einen vertrauten Partner, der es die äußeren Umstände vergessen lässt, sodass es entspannt die gemeinsam einstudierten Lektionen absolvieren kann. Auch erfahrene Tiere in einer Gruppe können solches Sicherheitsgefühl an die noch Unerfahrenen vermitteln und jungen Pferden dadurch Stabilität geben, sofern man nicht darauf besteht, dass auch bei ihnen alles sofort gelingen muss.

Überhaupt sollte man bei den Shows nichts erzwingen wollen! Vielmehr geht man einfach zu einer anderen Lektion über, wenn irgendetwas heute nicht klappen will – das Publikum verzeiht das viel leichter als eine verkrampfte Performance.

Programm und Gesamtkonzept sollten deshalb so zusammengestellt werden, dass Ausweichmöglichkeiten bleiben. Man sollte sich stets an der Frage orientieren: Wie sieht es das Publikum? Der Zuschauer kann ja nicht wissen, dass wir jetzt Lektion A oder Lektion B vorhatten, also macht es nichts, wenn wir auf etwas Drittes ausweichen, falls die vorgefasste Abfolge zu missglücken droht – Hauptsache, das, was wir bieten, geschieht fröhlich und unverkrampft! Also besser Rahmenhandlungen nicht so konstruieren, dass man in ein starres Korsett gezwungen ist und jeder Patzer das Gesamtbild gefährdet! Am besten befragt man dazu Menschen, die von Pferden gar nichts verstehen, sondern einfach nur Freude an Ästhetik haben – man wird dann erleben, wie verschieden die Sicht von Akteur und Zuschauer ist. Eine Show rein für Sachverständige steht überdies immer unter dem Druck von „Beckmesserei" (dem sprichwörtlichen Ankreiden kleinster Fehler in der Oper *Meistersinger*), während das allgemeine Publikum einen sinnlichen Genuss sucht und reiterliche Glanzstücke oft sogar übersieht. Was ästhetisch überzeugt, gefällt zuletzt aber auch den Fachleuten. Und ästhetisch ansprechend ist eben nicht Perfektion, sondern Harmonie – und sei es in ganz einfachen Übungen.

Man merkt das dann am Schlussapplaus: Jeder spürt, ob anstandshalber geklatscht wird oder aus Begeisterung! Und der Applaus ist der Pokal des Show-Akteurs – überreicht vom Publikum.

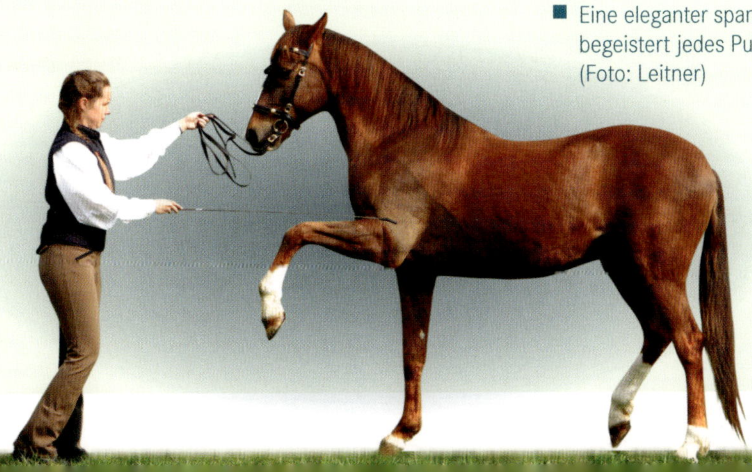

■ Eine eleganter spanischer Schritt begeistert jedes Publikum. (Foto: Leitner)

Zirkus natur

Zum Schluss möchten wir noch einmal auf unsere Anfangsfrage zurückkommen: Sind zirzensische Lektionen natürlich? Nun, eine Mustangherde mit Leitstute oder wilde Przewalskypferdegruppen in der Mongolei brauchen uns Menschen erst einmal nicht. Sie leben auf ihre eigene, unabhängige Art. Andererseits kann Natur auch grausam sein – es gibt Krankheiten, Verletzungen, Verkrüppelungen, Unwetter, Brände, Dürre, Nahrungsmangel ... Wenn Menschen hier helfend eingreifen, geht es den Tieren besser als allein in der Steppe. Doch das ist unweigerlich mit Einschränkungen verbunden: Kaum ein Pferdehalter hat so viel Land und so viel Personal, um seinen Schützlingen annähernd naturhafte Lebensbedingungen bieten zu können. So kommen natürliche Bedürfnisse zu kurz, die in Freiheit ausgelebt werden. Und wenn Glück letztlich die Realisierung des eigenen Naturells ist, dann fehlt den Haustieren doch einiges zum Glücklichsein. Denn viele natürliche Regungen kommen in der Boxenhaltung nicht zum Zuge, nicht mal mit Paddock und Koppelgang. Das bewahrt die Tiere zwar vor Blessuren, die in der Wildnis zum Alltag gehören, doch psychisch fehlt damit doch ein Erlebnismoment, das die Pferdeseele weckt und lebendig werden lässt.

Die übliche Arbeit mit Pferden wie Reiterei, Gespannfahren oder Holzrücken aktiviert nur einen schmalen Ausschnitt des Verhaltensrepertoires, das den Tieren angeboren ist und auch durch selektive Züchtungen nicht herausgefiltert werden kann, ohne einen Zombie zu produzieren. Alles „Wilde" bleibt unterdrückt, wenn wir ihm keinen Spielraum geben.

Hier bieten Zirkuslektionen einmalige Möglichkeiten, die im herkömmlichen Umgang mit Pferden nicht vorkommen: Sie geben Gelegenheit, die Muskeln spielen zu lassen, zu imponieren, das pferdische Lieblingsspiel der Rangordnungskämpfe aufzunehmen, Vertrauen in die eigene Kraft zu entwickeln, Erfahrung als Einzelner und in der Gruppe zu machen, sich in Rituale einzufügen – all die Dinge eben, die den Tagesablauf ungezähmter Herden bestimmen, wenn auch hier in gebändigter Form.

Zwar blicken klassische Reiter bisweilen geringschätzig auf Zirkusreiterei herab, doch sollten sie bedenken, wie armselig das Leben von Sport- und Freizeitpferden ist, die nur ihre Box, ein wenig Koppelgang (wenn überhaupt!) und gelegent-

■ Spielerisches Bewegen kommt bei vielen Pferden heute zu kurz. Zirkuslektionen bieten neue Impulse. (Foto: Slawik)

liches Ausreiten kennen, um dann für eine Stunde am Tag Ballett zu tanzen oder über Hindernisse zu springen! Die Verhaltenswissenschaft (Ethologie) nennt ein so reduziertes Dasein „sensorische Deprivation“, einen sinnlichen Mangelzustand, von dem bekannt ist, dass er zu seelischer Abstumpfung und monotonen Verhaltensanomalien führt (bei Pferden unter anderem Koppen und Weben), sodass man im Zoo längst dazu übergegangen ist, den Tieren beispielsweise zur Futterbeschaffung schwierige Aufgaben zu stellen, die ihren Geist wieder aktivieren. Nun wird der Sportreiter mit dem teuren Hochleistungspferd einwenden, er könne Ungebärdigkeiten und Verletzungen nicht riskieren, und auch das ist gewiss ein realistischer Gesichtspunkt, doch gerade hier könnten Zirkuslektionen einen Ausweg bieten: Ohne das Gerangel in der Herde fürchten zu müssen, kommen da Spielarten des angeborenen Verhaltens zum Zuge, die den täglichen Trott unterbrechen und aus einem „Sportgerät“ wieder ein lebendiges Pferd machen.

Damit geht der Verwendungszweck von Zirkuslektionen weit über Showauftritte hinaus: Sie bieten Erziehungsmöglichkeiten für den Nachwuchs, gymnastisches Training oder Rehabilitationsmöglichkeiten nach Krankheit oder Verletzung.

Zirzensische Lektionen erziehen auch den Trainer zu einer neuen Aufmerksamkeit und Kooperation: Man lernt dabei, dem Tier nicht nur etwas abzuverlangen, sondern mit ihm zu kommunizieren. Damit bekommen wir nicht zuletzt ein alltagstaugliches Miteinander, das auf einer stabilen Beziehung und vertrauensvoller Zusammenarbeit basiert.

Darüber hinaus ergeben sich noch ungeahnte Optionen für besondere Fälle: Man kann mit zirzensischen Lektionen jenen Einschränkungen von Pferden entgegenwirken, wie sie beispielsweise bei Voltigierpferden durch den eintönigen Zirkelgalopp entstehen, der das Tier auf Dauer apathisch macht. Umgekehrt eignen sich Zirkuslektionen auch als Hilfe für menschliche Behinderungen: Ein Reiter bat mich nach seinem Schlaganfall mit teilweiser Lähmung, seinem Pferd beizubringen, sich auf Kommando hinzulegen und ihn aufsitzen zu lassen, damit er weiterhin ausreiten könne, ohne fürchten zu müssen, nach einem Abstieg oder Sturz nicht mehr allein aufs Pferd zu kommen. Innerhalb der Zirkuslektionen ist so etwas ohne Weiteres möglich (siehe Kapitel „Das Liegen“), und hier erlaubte es einem behinderten Menschen, in seiner geliebten Sportart weiter aktiv und mit seinem Pferdefreund zusammenzubleiben.

Es geht also nicht nur um die Natur des Pferdes, sondern auch um unsere eigene! Die eine ist mit der anderen verknüpft; auch das menschliche Wesen reift im achtsamen Umgang mit einer fremden Art: Statt sich nur selbst zu bespiegeln, setzt man sich mit etwas auseinander, das man selbst nicht ist und nie sein wird, und lernt dabei, sich als Teil des Naturgeschehens zu sehen. Der altgriechische Philosoph Aristoteles meinte einmal sinngemäß: Bewusst sein heißt, anderes als anders zu begreifen. Und Pferde helfen uns dabei, eben weil sie so anders sind als wir. Alle sentimentalen Vermenschlichungen, die einer verdummenden Kitschindustrie entspringen, erweisen sich bei ernsthafter Arbeit an den Lektionen als Unsinn. An ihre Stelle tritt etwas ungleich Wertvolleres: Man erfährt glückhaft das Zutrauen und die Gemeinsamkeit von eigenständigen Lebewesen - eine einsichtige Zusammenarbeit in gegenseitigem Vertrauen und Respekt, aus der zuletzt eine Harmonie entsteht, die sich auch dem Außenstehenden mitteilt.

Buchstäblich „be-sitzen“ wir hier das Pferd ja nicht nur, sondern gehen mit ihm auf Augenhöhe um: Die Bodenarbeit bewirkt ein viel deutlicheres Miteinander als die Arbeit vom Sattel aus. Denn wir sehen dabei das Pferd als Ganzes! Und Bodenarbeit ermöglicht zugleich, auch Pferde auszubilden, die man nicht (mehr) reiten kann: Als Tierarzt sieht man leider jede Menge Ponys und Minipferde, die als „Rasenmäher“ im Garten oder auf der Weide herumstehen und dahindämmern, weil niemand sie artgemäß ausgebildet hat, da sie nur als Spielzeug betrachtet wurden! Abgesehen davon, dass gerade Ponys kargere Kost brauchen als große Pferde, weil sie bei zu reichhaltiger Nahrung ohne Arbeit leicht krank werden, sind Shetlandponys im Verhältnis zu ihrer Körpergröße die stärksten Pferde überhaupt - sie übertreffen sogar schwere Kaltblüter! Also müssen sie etwas tun! Wenn Ponys widerlich oder gar bissig werden, dann meist deshalb, weil Kinder sie herumzerren, die naturgemäß noch nicht imstande sind, ein Pferd auszubilden.

Hier bietet die Bodenarbeit mit Zirkuslektionen eine ideale Ausbildungsmöglichkeit. Hat man zum Beispiel durch gemeinsame Wanderungen dem Jährling bis zum Dreijährigen ein Grundgefühl für die äußeren Dinge und den eigenen Körper vermittelt, kann man erste Lektionen einüben, die Konzentration und Einordnung fördern. Individuelle Schwächen lassen sich dabei gym-

■ Zirkuslektionen stärken das gegenseitige Vertrauen und eröffnen neue Perspektiven. (Foto: Slawik)

nastisch gezielt ausgleichen, und der Gehorsam wird geschult, um später nicht eines jener eigensinnigen Tyrannenponys zu bekommen, die nur noch tun, wonach ihnen gerade der Sinn steht.

Gleiches gilt nicht weniger für große Pferde. Sie gewinnen nach unserer Erfahrung durch Zirkuslektionen eine mentale Stärke, die sie später in ungewohnter Umgebung und bei neuen Herausforderungen stabil bleiben lässt. Man kennt ja auch Tiere, die einen derartigen Kraftüberschuss haben, dass Koppelgang allein ihn nicht abbaut - ihnen muss man unbedingt etwas abverlangen, das ihre Energie kanalisiert und nutzbar werden lässt, statt zu „explodieren“. Ähnliches gilt für Tiere, die krankheitsbedingt längere Zeit Boxenruhe einhalten mussten und die nun „stallmüde" sind.

Auch Menschen werden durch Erfolgserlebnisse mit Zirkusdressuren ruhiger und selbstsicherer: Wenn man sich nicht zu große Schritte vornimmt und ein Teilerfolg erreichbar ist, dann gehen Mensch und Pferd gleichermaßen mit mehr Selbstvertrauen und Zufriedenheit nach Hause. Wer bislang noch unsicher im Umgang mit seinem Vierbeiner war, der bekommt eine völlig neue Perspektive, wenn das erste Kompliment gelungen ist: 600 Kilogramm Pferd haben sich ihm anvertraut und sind ihm gefolgt! Und wer sich das selbst erarbeitet hat, der weiß, dass nur blanke Unkenntnis dahintersteckt, wenn manche Reiter behaupten, solche Lektionen seien doch simpel zu erreichen. Wer das meint, hat damit sicher keine eigene Erfahrung!

Denn Zirkuslektionen sind kein Spiel! Sie sind ernsthafte Arbeit, die im Idealfall spielerisch aussehen wird, jedoch auf subtilen Beobachtungen und vertieften Einsichten in die Natur aller Beteiligten basiert.

Zirzensische Lektionen sind kultivierte Natur!

Das Shetlandpony ist das stärkste Pferd

Diese Aussage stimmt natürlich nur in Bezug auf das Körpergewicht. Zieht ein 780 Kilogramm schweres Kaltblutpferd 2400 Kilogramm mit einer Geschwindigkeit von 5,06 Stundenkilometer, so entspricht diese Zugkraft 27,6 Prozent seines Gewichtes. Zieht jedoch ein 222 Kilogramm schweres Shetlandpony 1000 Kilogramm mit einer Geschwindigkeit von 5,3 Stundenkilometer, so entspricht das einer Zugkraft von 42,8 Prozent!
Einfacher ausgedrückt: Wären Shetlandponys so schwer wie Kaltblüter, so könnten sie 40 Prozent mehr ziehen als diese. Wie man sieht, darf man die Kleinen nicht unterschätzen! Nicht umsonst wurden sie auch wegen ihrer großen Ausdauer in Bergwerken als Arbeitspferde eingesetzt. Dieses Schicksal bleibt ihnen zum Glück heutzutage erspart, dafür aber leiden sie jetzt allzu oft an Unterforderung und Langeweile, werden fett und krank.

■ Auch mit kleinen Pferden kann man Großes erreichen – hier eine Levade. (Foto: Slawik)

REGISTER